为 中 国 而 设 计

第 五 届 全 国 环 境 艺 术 设 计 大 展 获 奖 作 品 集

DESIGN FOR CHINA 2012

The Award Works Collection of the
Fifth National Exhibition of
Environmental Art Design

中国美术家协会　中央美术学院　主办
中国美术家协会环境设计艺术委员会　中央美术学院城市设计学院　编

中国建筑工业出版社

图书在版编目（CIP）数据

第五届全国环境艺术设计大展获奖作品集／中国美术家协会环境设计艺术委员会，中央美术学院城市设计学院编 . —北京：中国建筑工业出版社，2012.10
（为中国而设计）
ISBN 978-7-112-14750-2

I.①第… II.①中…②中… III.①建筑设计－环境设计－作品集－中国－现代 IV.① TU-856

中国版本图书馆 CIP 数据核字（2012）第 233593 号

责任编辑：李东禧 陈小力
责任校对：党 蕾 陈晶晶

为中国而设计
第五届全国环境艺术设计大展获奖作品集
中国美术家协会 中央美术学院 主办
中国美术家协会环境设计艺术委员会 中央美术学院城市设计学院 编
*
中国建筑工业出版社出版、发行（北京西郊百万庄）
各地新华书店、建筑书店经销
北京嘉泰利德公司制版
北京方嘉彩色印刷有限责任公司印刷
*
开本：880×1230毫米 1/16 印张：18 字数：558千字
2012 年 10 月第一版 2012 年 10 月第一次印刷
定价：176.00元
ISBN 978-7-112-14750-2
　　　　（22817）

前　言

中国美术家协会环境设计艺术委员会自成立以来一直以推动中国环境艺术设计专业的发展为己任，从2004年就提出了"为中国而设计"的学术主张，号召中国设计师立足本土、面向未来，为中国而设计。历届活动以学术性和专业性在全国产生了广泛深入的影响，也为中国环境艺术设计的学术建设提供了良好的交流平台和机会。

2012年10月，第五届为"中国而设计"全国环境艺术设计大展暨论坛活动在北京中央美术学院举行，由城市设计学院承办，本届主题为："生态中国、创新突破"，设计作品按四个专题版块进行征集：

1. 生土住宅环境艺术设计专题；
2. 创新突破中国当代家具设计专题；
3. 公共景观规划设计专题；
4. 环保低碳室内设计专题。

其中景观规划设计和室内设计是环境艺术专业的两个基本专业内容，作品涉及面是广泛的。本届大展增加了生土住宅专题，是希望在第四届大展时开创的"为西部农民生土窑洞改造设计"的公益活动深入开展下去，在为西部农民无偿设计的基础上，不仅扩大为农民设计的范围，而且将生土住宅的设计研究引向深入，作为环境设计艺委会设定的长期专题做下去，坚持为农民改善居住环境无偿设计服务。

关于"创新突破中国当代家具设计"专题，不少设计师有感于多年以来中国当代家具设计未能有所突破走出国门。"家具"的量化生产将家具归类为工业产品，然而在更多的状况下它是室内外空间环境中的功能要素和景观要素，家具设计是跨界的设计品种。世界范围许多设计大师均钟情于家具设计，他们的不少作品成为传世精品。这些作品已超出了产品的范畴，成为让人们共享智慧的艺术品。我们这次设定家具专题是想从一个具体的环境元素入手，争取中国家具设计的突破，当然还有很长的路要走。

中国美术家协会环境设计艺术委员会不同于各专业协会，旨在通过组织举办各类学术活动，打造中国环境艺术设计的第一学术平台。凝聚广大设计师的专业智慧为中国建设贡献力量。每次大展编辑出版本设计作品集都得到中国建工出版社的大力支持和友情协助，在此致以诚挚的谢意；本书由王其钧教授担任编审工作，在此一并致以敬意和谢意！

中国美术家协会环境设计艺术委员会主任

2012年9月

目录

DESIGN FOR
CHINA
2012

The Award Works Collection of the
Fifth National Exhibition of
Environmental Art Design

"为中国而设计"第五届全国环境艺术设计大展暨论坛　组织机构

大展主题： "为中国而设计"

本届主题： 中国当代　创新突破

论坛主题： 中国本土设计的创新与突破

　　　　　　创意生活与创新家居

　　　　　　环境艺术设计教育

主办单位： 中国美术家协会、中央美术学院

承办单位： 中国美术家协会环境设计艺术委员会、中央美术学院城市设计学院

协办单位： 中央美术学院、清华大学美术学院、中国美术学院、鲁迅美术学院、广州美术学院、四川美术学院、西安美术学院、湖北美术学院、天津美术学院、北京服装学院、深圳大学艺术设计学院、山东工艺美术学院、太原理工大学、北京大学建筑景观设计学院、天津大学建筑学院、同济大学建筑与城市规划学院、上海大学数码艺术学院、东北师范大学美术学院、北方工业大学、中南大学建筑与艺术学院、苏州大学金螳螂建筑学院，北京筑邦建筑装饰工程公司、广州集美组室内设计工程有限公司

合作单位： 广东东鹏控股股份有限公司

　　　　　　北京天图设计工程有限公司

　　　　　　上海华凯展览展示有限公司

　　　　　　广东省集美设计工程公司

媒体支持：

1. 媒体支持：

中央电视台、《人民日报》、《中国建筑装饰装修》、《ID+C 室内设计与装修》、《新建筑》、《美术观察》、《美术研究》、《美术》、《现代装饰》、《城市环境设计》、《室内设计》、《家居与室内装饰》、《设计之都》、《装饰》、《中国园林》、《风景园林》

2. 网络支持：

中央美术学院艺术资讯网、中国环境设计网、ABBS 建筑论坛、筑龙网、搜狐焦点设计师网、景观中国、设计在线、中国建筑与室内设计师网、中华室内设计网、自由建筑报道论坛等

大展组委会

顾　　问：靳尚谊　冯　远　刘大为　常沙娜

主　　任：吴长江　潘公凯

副 主 任：刘　健　张绮曼　徐仲偶

秘 书 长：丁　杰　黄建成

副秘书长：咸　懿

委　　员：（按姓氏笔画排名）

丁　圆　马克辛　马浚诚　王　中　王　凯　王　荃　王　铁　王　琼
王铁军　田海鹏　吕品晶　朱　力　刘　波　齐爱国　苏　丹　李　宁
李　沙　李　悦　李炳训　吴　昊　吴秋奭　邱晓葵　何小青　何新明
沈　康　宋立民　张云超　陆玮琦　陈　易　陈六汀　陈顺安　邵　健
林学明　周新华　郑曙旸　郑韬凯　孟建国　赵　慧　郝大鹏　郝凝辉
俞孔坚　高　扬　郭去尘　梁　梅　梁景华　董　雅　蔡　强

评 审 委 员 介 绍

主 任

张绮曼

中央美术学院建筑学院 教授
博士生导师
中国美术家协会环境设计艺
术委员会主任

副 主 任

黄建成

中央美术学院城市设计学院
副院长 教授
中国美术家协会环境设计艺
术委员会副主任

马克辛

鲁迅美术学院环境艺术系
主任 教授
中国美术家协会环境设计艺
术委员会副主任

蔡 强

深圳大学艺术设计学院
党委书记 教授
中国美术家协会环境设计艺
术委员会副主任

委 员

吴 昊

西安美术学院建筑与环境艺
术系主任 教授 博士生导师
中国美术家协会环境设计艺
术委员会委员

王向荣

北京林业大学园林学院副院长
教授

陈六汀

北京服装学院艺术设计学院
教授
中国美术家协会环境设计艺
术委员会委员

苏 丹

清华大学美术学院副院长
教授
中国美术家协会环境设计艺
术委员会委员

齐爱国

北京市朝阳山野装饰公司
总经理、总设计师
中国美术家协会环境设计艺
术委员会委员

孟建国

北京建筑设计集团筑邦公司
董事长
中国美术家协会环境设计艺
术委员会委员

李炳训

天津美术学院学术委员会副
主任 教授
中国美术家协会环境设计艺
术委员会委员

潘召南

四川美术学院创作科研处
处长 教授

王铁军

东北师范大学美术学院院长
教授 博士生导师
中国美术家协会环境设计艺
术委员会委员

何小青

上海大学数码艺术学院副院长
教授
中国美术家协会环境设计艺
术委员会委员

林学明

广州集美组室内设计工程有
限公司 创意总监
中央美术学院城市设计学院
客座教授
中国美术家协会环境设计艺
术委员会委员

监　审

咸　懿

中国美术家协会艺术委员会
办公室副主任

获奖作品及作者名单

"中国美术奖" 提名作品

专业组

绿色海绵营造水适应城市：群力雨洪公园	作者： 俞孔坚
南通唐闸1895工业以及复兴规划项目景观设计方案（油脂厂地块）	
	作者： 清华大学美术学院城市建设艺术咨询研究所
伏羲山棋盘谷精品酒店	作者： 吴剑锋　齐胜利
海尔天津津南八里台项目售楼处	作者： 刘鸿明
几架系列——盆几　几何系列——箱几	作者： 金叵罗

学生组

复活（椅）Re-chair	作者： 赵石超
北京市宋庄画家村改造设计	作者： 张启泉
陕西省土窑洞环境改造设计之：假想体、窑洞新生、为农民而设计	
	作者： 孙晓雨　赵阳　陈欣　李雨芯　刘超　于洋　张洋洋
生土窑洞——人居空间探索与规划方案	作者： 郭治辉　李双全　拓虹　于效雨　魏颖
沈阳北站改造方案	作者： 朱磊

优秀作品

专业组

"讴歌伟大母亲"延安清凉山 ——长征女红军苑规划设计方案	作者： 曹德利　石璐　金常江　孙震　玉娇娇　曹阳　王舒瑶 邵新然　王拓濛
基于POE的南亭村公共空间可持续设计	作者： 陈鸿雁　冯峰　仰民（深化指导：吴卫光）等
增城香樟墅会所	作者： 陈维
返璞归真——生土窑洞村民活动中心设计	作者： 丁圆
城市中的峡谷	作者： 郭秋月　宿一宁
青岛市规划展览馆	作者： 胡国梁　李鹏　祖慰　张磊等
云南省鹤庆县善客堂景观艺术及室内设计	作者： 刘东雷　宋立民
建筑空间改变想象	作者： 刘治龙　张宇峰　李琼音
新东方Inpan室内会所	作者： 曲辛　尹航
世界·视界	作者： 屈伸　刘威　李炎　贺森　续峰　李放
土生土长——新农村主义	作者： 施济光　冯丹阳

获奖作品及作者名单

最佳创意设计作品

专业组

天津环湖医院	作者： 刘鸿明
重庆中国当代书法艺术生态园	作者： 潘召南 刘更 赵宇 李俭 张琦 徐正 韩晴 李乐婷 赵梅思
异构空间——浙商大厦售楼中心	作者： 刘学文 苑达奇
折子戏——北京天图文化创意产业创新基地	作者： 王国彬 赵彤
吉林省图书馆	作者： 董永峻
国家湿地博物馆建筑景观设计	作者： 卞宏旭 苏会人
地坑院改造NEW做法	作者： 王晓华

学生组

生产！景观公社	作者： 吴尤 毛晨悦 柳超强 刘晗
《空椅》系列	作者： 设计／姚健 制作／金叵罗
中国煤炭博物馆——海天露天矿	作者： 牟小萌
"漫步"江滨景观规划设计	作者： 李慧春

最佳手绘表现作品

专业组

石情——SCREAM城市雕塑公园规划设计	作者： 沈渝德 张倩 王玉龙 田林
"中华恐龙园"库克苏克区方案手绘（设计表现）	作者： 岑起东 宋辉
舟山游乐广场设计方案	作者： 尹航 姜民 李科
我乐园室内外游乐场规划与设计	作者： 李博男

学生组

阿拉丁主题乐园	作者： 胡航 吴茂雨 冉江雪 田健男

DESIGN FOR CHINA
2012

入选作品

专业组

归巢——天津中信公园城公共艺术	作者： 马浚诚
原椅	作者： 孔祥富
熙龙湾	作者： 李伦昌
海赋御庭景观设计	作者： 姜靖波
凯德置地御金沙临时售楼部建筑及室内设计	作者： 彭征 Pizza
步入心灵的空间——广州市银河烈士陵园主体建筑与景观设计	作者： 童小明 汤强 周淼 赵静玲

御水零三号	作者： 童小明
Life cheers 素食馆	作者： 刘绍洋 包敏辰 李琼音 梁旭方
阳光晶典售楼处	作者： 刘雅正 吕目 田朋朋
为草原而设计	作者： 罗兰
麓山恋——永恒的岁月	作者： 王兴
云顶'视'界	作者： 郑杨辉

'回'四维陶瓷展厅设计方案	作者： 郑杨辉
农民工博物馆	作者： 郑念军 王永斌 黄伟鸿 郑重 宋义扬 程冲 王钦明 于健
四合之城会所	作者： 赵时珊 陈德胜 隋昊
红与褐交织的文化景观	作者： 向东文
网易杭州研发中心景观设计	作者： 邵健 陈莺 张露 李金蔚 陈雁
飘落在湖边的羽毛——四川省隆昌县古宇湖观鸟公园整体环境艺术设计	作者： 重庆瑞地园林景观设计有限公司

成都杜甫草堂国际文化交流中心建筑方案设计	作者： 王善祥
上海石榴酒吧室内设计	作者： 王善祥
百年风云博物馆展示设计	作者： 彭军 高颖 张品
木鱼石矿区景观再生性规划设计	作者： 马品磊 李鑫 马艺峰
青藏行·设计日记——骑行者驿站概念设计	作者： 何凡
工业景观设计——白云边工业园	作者： 黄学军 吴红梅
工业建筑——武汉铁盾民防新厂区	作者： 梁竞云

工业景观设计——江汉石油四机厂技术中心及研发中心改造	作者： 周稀
旗袍名店方案设计	作者： 尤洋 王晓萌 蔡淼
书·韵	作者： 李超
滟澜山别墅	作者： 睿智匯设计公司
"外滩"系列户外一体椅	作者： 周震
兰博基尼汽车展示中心	作者： 汤强

获 奖 作 品 及 作 者 名 单

入选作品

专业组

大庆油田体育中心方案设计	作者：黄国涛
重庆秀泉映月温泉花园酒店	作者：徐保佳　徐嘉翔　徐佳黛
忠义云阳——云阳张飞庙商业步行街规划及建筑设计	作者：韦爽真　陈一颖　廖伟
重庆南滨路双拥主题城市广场景观设计	作者：龙国跃　但婷　王玲　王童　段吉萍　黄一鸿
锈记	作者：江南
中餐厅设计	作者：鲁睿

竹石光影	作者：徐曹明
陶艺之家	作者：刁晓峰　周先博　周宇晨　吴荔　张涵煦　江畅　王敏　石咏婷　龙国跃　曾强
书眷——重庆财政学校校园景观设计	作者：刁晓峰　周先博　石咏婷　龙国跃　曾强
山色·印象	作者：周宇晨　刁晓峰
699文化创意工厂主题景观装置	作者：陈向鸿　李扬　王懿清　张哲　陈文辉　黄晨
生土别墅——陕西省三原县柏社村地坑窑洞改造设计	作者：刘琳

额尔古纳河右岸度假酒店设计	作者：韩军
中国梅山文化园	作者：陈飞虎
烟雾山文化历史景观更新设计	作者：周雷　赵晶　邓艺杰　周兰兰
"园明"茶楼	作者：陈明　文仁树
"陶趣"陶艺展示区设计	作者：陈明　文仁树
宝林禅寺景观规划·设计	作者：黄建生

让景观融入建筑：低碳之家	作者：俞孔坚
生态基础设施先行：武汉五里界生态城设计案例	作者：俞孔坚
国宾总部基地项目公共部分二次装修方案设计	作者：成都建工装饰设计有限公司
南京栖霞山崇光塔（舍利文化博物馆）方案概念设计	作者：谢璞
洲际酒店一层酒吧室内设计概念方案	作者：曹烨
开光鼓凳	作者：王艳

梳背椅	作者：苑金章
狮诚记　时尚餐厅世贸店	作者：王泽源　黄恩盛
"晶石探宝"	作者：朱力　裴梦楠
天津仁爱小学规划与建筑设计	作者：都红玉
龙江镇龙舟体验馆整体规划及景观设计	作者：熊时涛
串场河整体概念规划与景观设计	作者：李震

DESIGN FOR CHINA 2012

获奖作品及作者名单

入选作品

学生组

山东诸城恐龙公园景观规划设计	作者： 尹曾　朱山发　李文慧　赵旸　马博
水森林	作者： 周瑞枝
浓情时刻——巧克力文化体验馆室内环境设计	作者： 杨巳思
山西长治别墅设计	作者： 乔振源
长沙古城墙原址保护文化中心	作者： 何松繁
地震纪念馆设计	作者： 马勤　王绿瓯
盒中合	作者： 许何展
宁夏沙漠博览园永久会址概念设计	作者： 张强
骑居申桥	作者： 袁泉　陶晓燕　许键
流年	作者： 陈婧
书院意构	作者： 陆文婧
侨乡文化馆	作者： 张宇宏　郭佳琳
长河舸影在——广东轻工职业技术学院历史文化长廊设计与建造	作者： 赵飞乐　彭洁
设计事务所办公空间设计	作者： 罗曼
水下未来娱乐空间概念设计	作者： 罗曼
南锣鼓巷景观规划设计	作者： 刘动　王朔
梵心·禅语——别墅空间设计	作者： 周宇晨　江畅　张涵煦
涅槃	作者： 林媛媛　高玉蓉
天津市滨海新区　海河沿岸景观规划设计	作者： 徐湲
沙漠魔方——新疆和田生态综合体设计	作者： 刘玉春　车宝莹　王晶　王进　陆远　阮磊
忆华祠——长春和平纪念馆	作者： 韩阳　王曼逸　刘珊
一"器"合"城"——概念商业文化中心设计	作者： 姚科佼　李轩谊　陈嘉润
天津塘沽海河外滩公园内沿河广场景观设计	作者： 齐梓钰
"绿色空间"节能会所方案设计	作者： 任少楠
上海市吴淞工业园区环境综合治理成果展	作者： 骆晓演
世博儿童自然博物馆设计	作者： 王争
宝玑手表旗舰店设计	作者： 邹明智
悬浮车站设计	作者： 刘小龙
李小龙故居改造纪念馆设计	作者： 陈世文
香奈儿旗舰店设计	作者： 吴翠青
为你写诗——川西林盘示范点概念设计	作者： 杨潇

学生组

"老家"重生	作者： 罗灵
钢魂——时光潋韵会所设计	作者： 党鑫　李萍萍　杜斯思　龙国跃
重构生命体	作者： 杜欣波　黄婷玉　莎日娜
绿舟·绿洲——重庆生态立体空间改造设计	作者： 王海涛　晏榕雪
汇水·重生——重庆九龙坡发电厂湿地景观改造	作者： 路李霞
最后的穴居部落	作者： 赵翼飞　黄莹
城市慢行轨道系统——废旧铁路改造	作者： 董璟　朱晶晶
都市盆景——重庆市十八梯旧城改造	作者： 陈申　刘檬
回归：申遗古村落的保护与发展	作者： 黄秋韵　殷明　李源　郝天娇　谷博轩
——以阿者科村的生态回归为例	
0态　文化创意产业园——概念设计	作者： 张坤
不拘"衣"格——服装概念体验店	作者： 尹春然
梦归源——山西平遥县陆乡村小学设计	作者： 李吉
荆州博物馆	作者： 雷汀
台北影像	作者： 陈昕　张云龙　詹昊　胡沛东　李坚
"味"不足道蜂巢主题环保餐厅	作者： 石砚侨
"布"一样的空间	作者： 王昌青
冷暖气象体验馆	作者： 韩晓玮
影像留生——电影博物馆设计	作者： 屈沫
穿行·时尚　Rick Owens品牌服饰店空间设计	作者： 屈沫
绿色·重生——上海苏州河畔新渡口居民区改造设计	作者： 朱清松
古道咖啡屋书吧公共建筑空间设计方案	作者： 朱静　朱瑞玥　姜龙
雨水公园	作者： 杨天人
自得其乐	作者： 杨雨倩　朱文佳　傅慧
由茧而生	作者： 毛慧敏　黄普宸　任凯俐
四合院改造	作者： 白杨　黄静　王亚燃　王一鼎　赵子源
改造与更新　始兴中学校园环境改造与图书馆设计	作者： 林峻标　朱忠鹏　刘学磊　孙艾婷　周晓冰
西域土魂——新疆传统生土民居实验性改良设计	作者： 张弘逸
浣溪·叠石	作者： 张懿　宋文婷
感触空间——哈药总厂景观公共空间规划设计	作者： 张丹　席爽　王振

获奖作品及作者名单

入选作品

学生组

零帕几何	作者： 柯健　龙恺琴　李永新
Mayfly——蜉蝣	作者： 刘梦华
藤·憩	作者： 闫萌萌
MC工作室设计	作者： 马楚雨
雨水净化建筑——盛开的牵牛花	作者： 戴慧芬
织——湖南省民俗博物馆设计方案	作者： 吴伟　黄永富
"链"——湖南衡阳财工院学生活动中心设计	作者： 邓冰旎　田欣　赵晓婉
星火·燎原	作者： 赵晓婉　李梁
细胞椅	作者： 孙贝
"伊甸寻"——未来社区畅想　城市建筑与景观规划设计	作者： 张伟建　陈聪　杨晨音
山东济宁市老运河城区改造	作者： 韩予　赵紫薇　刘馨月
冀州国际滑雪中心	作者： 胡扬　张炫　凌佳境
海之韵三亚亚龙湾产权式酒店设计	作者： 王家宁　王伟　王雁飞
运河·故事　山东济宁运河文化公园设计	作者： 郝铁英　李曼　马元
太原市新农村活动中心设计	作者： 张晋磊　张成　李欣潞
未知——明湖路社区图书馆设计	作者： 程凯宇
四川成都洛带古镇——民俗博物馆设计	作者： 沈璐
移动的云	作者： 宋健　王立言　赵同庆　刘小亚
广场及观景平台景观设计（江西广昌荷源生态公园艺术景观设计）	作者： 赵同庆　王立言
经纬间——重庆市万州区梯道公共艺术概念设计	作者： 刘晓宇
息	作者： 时晓明　单敬迪
弹性编织椅	作者： 闫倩　贺红阳　王旭升
自由柜	作者： 庄阿阳
L	作者： 郭诗雨
流体　系列软体家具设计	作者： 宋韬　姜可嘉　赵杰
三角凳	作者： 李宇翔
晨	作者： 谢京
"宝"折叠椅	作者： 闫倩
云系列	作者： 闫喆皓
卷铺	作者： 于然
简明	作者： 周子采

北京市

（专业组）丁圆 于立晗 马浚诚 王艳 王国彬 王党荣 方伦磊 尹金龙 艾晶 冯劢 冯雪驱 曲兰兰 朱子逸 延岩 刘东雷 刘昌龙 刘颖芳 许光辉 孙鸥 孙博 孙焱飞 苏丹 李爽 李瑞君 李震 杨莎丽 吴卓阳 吴晓敏 何为 宋立民 张婕 陈一鸣 陈玉婷 邵旭光 武华安 武定宇 苑金章 林巧琴 罗兰 金亘罗 孟彤 赵彤 俞孔坚 姜泽 姜靖波 高扬 郭杏元 萨日娜 崔笑声 宿辰 韩军 鲁旸 蔡青 熊时涛 魏晓东 魏鑫

（学生组）于茜茜 于洋 于然 于鹏 马亚亚 马亚男 马恋恋 王一斐 王一鼎 王也 王玉珏 王立言 王亚燃 王华石 王旭升 王青远 王欣然 王炜 王亮 王骁夏 王艳丽 王晓青 王晓寒 王朔 王铮 王舒 王慧 牛阳甫 毛晨悦 孔丽娟 孔岑蔚 邓乐梅 玉娇娇 代亚明 白杨 冯晓东 兰宁 曲弋涵 吕晓宇 乔振源 庄阿阳 刘丁丁 刘小亚 刘广宇 刘玉恒 刘动 刘丞 刘志京 刘杨 刘松雨 刘昊鹏 刘畅 刘轶群 刘晓书 刘晓宇 刘晓鑫 刘晗 刘渊文 刘维 刘超 刘彭 刘雯 闫安 闫倩 闫喆皓 闫静宜 孙贝 孙晓雨 孙晨阳 孙博 孙斌宾 苏美梅 杜新悦 李文婷 李宇翔 李进 李雨芯 李秦朦 李培先子 李楚智 李锦涛 李源 李慧珍 杨雨倩 杨栋 杨晓 杨凌 杨菊 杨远 肖烨 肖然 时晓明 吴尤 吴迪 何松繁 余剑 谷博轩 沈媛媛 沈璐 宋健 宋韬 宋韬 张长征 张 杨阳 张岩 张奕 张洋洋 张倩 张蓓蓓 张楠 张靖 陈小石 陈凡 陈丽君 陈欣 陈俊元 陈霁 武嘉琦 苑红超 苑明洁 范辉 范鹤鸣 林芳璐 罗子安 金俊男 周子采 郑秉东 单 敬迪 孟琳 项文君 赵大鹏 赵子源 赵玉 赵石超 赵同庆 赵囡囡 赵阳 赵杰 赵银鸽 欧阳艺鑫 郝天娇 柳荻 柳超强 段翰林 侯启月 侯杰文 施明鸿 姜可嘉 洪芳耀 姚肖刚 姚健 姚琳 贺红阳 袁俊伟 袁洋波 袁鹏程 桂琦 贾永超 贾连冬 徐泽鹏 殷明 高玉成 高龙 高玢 高颖 郭异颖 郭诗雨 郭斌 唐艺罡 唐明文 黄东晓 黄畅 黄秋韵 黄振宏 黄健 黄静 崔克弘 崔超轶 矫文静 梁文峰 彭楠 韩宜君 韩晓玮 程亚飞 程凯宇 程婉晴 焦杨 鲁楠 童博闻 曾媛 温连超 谢文宏 谢京 强项 解文婕 樊昌林 潘卫娜 潘婉萍 薛文静 魏欣然

上海市

（专业组）王善祥 任飞 江荻 苗岭 姜华 黄国涛 黄建生 曹烨 谢璞

（学生组）王天葵 王争 王进 王笑石 王鹏 邓明庄 包悦 冯瑾 江子沂 汤宏博 许键 孙腾堃 严丽娜 杨天人 张文琪 张立 张弘逸 张骏毅 陆文婧 陈杰 陈征寒 陈誉 罗曼 姚婉瑜 骆晓演 袁泉 顾晗 徐佳雯 徐晶杰 凌岑 高逸骅 陶晓燕 曹旭 储佳妮 薛漫路

天津市

（专业组）马艺峰 马品磊 王延青 王星航 田朋朋 白婷婷 吕目 刘鸿明 刘鸿明 刘雅正 孙锦 李鑫 肖瀚 张品 苑军 侯熠 都红玉 高颖 彭军 韩富志 鲁睿 温军鹰

（学生组）于瑞 马元 王亚南 王伟 王家宁 王雁飞 王霄君 王薇 石东京 曲云龙 朱莹 刘妍 刘爽 刘翰墨 刘馨月 齐梓钰 纪川 杜欣欣 李启凡 李欣潞 李曼 杨晨音 张成 张伟建 张炫 张晋磊 陈聪 郑晓龙 赵紫薇 郝钰 郝铁英 胡扬 姜越 顾天明 徐湲 凌佳境 郭晓虹 盖也 韩予

重庆市

（专业组）刀晓峰 王玉龙 王玲 王敏 王童 韦爽真 方进 石咏婷 龙国跃 田林 任宇 刘可雕 刘更 江畅 许亮 李乐婷 李俭 吴荔 但婷 汪杰 沈渝德 张倩 张涵煦 张琦 陈一颖 罗源 周先博 周宇晨 赵宇 赵梅思 赵瑞雪 段吉萍 徐正 徐江 徐佳黛 徐保佳 徐嘉翔 黄一鸿 常恒 韩光渝 韩远翔 韩晴 粟亚莉 曾强 赖旭东 廖伟 潘召南 魏雨峰

（学生组）王洺 石美伦 龙国跃 田健男 冉江雪 冯娇 朱晶晶 江畅 杜斯思 李尤尤 李河庆 李萍萍 李琪 李鹏飞 吴茂雨 宋文婷 张可人 张涵煦 张懿 陈松林 陈梦园 卓春炎 罗源 周宇晨 孟薇 赵翼飞 胡航 钟沛玲 袁瑞聪 夏青 党鑫 黄莹 常恒 董璟 韩远翔 谢力 路李霞

河北省

（专业组）代锋 许景涛 孙秀华 胡青宇 崔占武

（学生组）王艺棠 王丽娟 王利雅 王敏 古建斌 田海超 刘鑫鹏 孙泓 李宇翔 李俊飞 时吉盛 张小芽 陈志林 武东 崔敏 康慧媛 韩鹏

内蒙古自治区

（专业组）李鹿

辽宁省

（专业组）于立娟 王丹文 王玉 王拓濛 王俊杰 王海亮 王雪银 王常宏 王越 王舒瑶 王蓉 卞宏旭 尹航 孔祥富 玉娇娇 石光 石璐 冯丹阳 曲辛 朱伟 刘永刚 刘琨 刘蔚芳 江南 孙旭阳 孙震 苏会人 李时 李科 肖琳超 张楠 张毅 陈玉飞 陈德胜 邵新然 苑蕾 金常江 赵时珊

胡楚凡　律清歆　施济光　姜民　姚红媛　黄勇　曹阳　曹德利　曹蕾蕾　隋昊　傅小品　曾玉成　翟晓男　潘颖
（学生组）王纯子　王思天　王倩楠　朴美玉　朱磊　朱鹭　任阿然　牟小萌　沙莎　张日林　张佳　张楠　范鑫　赵佳　贺禧
崔雅伦　鞠慧慧

吉林省

（专业组）王晓萌　尤洋　包敏辰　刘学文　刘绍洋　李琼音　李博男　肖宏宇　苑达奇　赵海山
郭秋月　梁旭方　宿一宁　蔡淼
（学生组）马雨薇　王进　王昌青　王怡璇　王娜　王莹　王曼逸　王琪　王晶　车宝莹　尹春然
石砚侨　皮金萍　邢斐　朱柏葳　乔琳　刘双　刘玉春　刘珊　齐延成　阮磊　杜晶晶　李吉　李伟明
李卓霖　李明明　李宜谦　肖宏宇　吴晓飞　张坤　陆远　陈丹　陈阳　陈雪　陈琼　罗田　屈沫　赵珊珊　赵婧鸿　哈晓宇　倪
恺阳　徐莹　萨日娜　董伟　韩阳　臧金龙　翟亚明　熊磊

黑龙江省

（专业组）王鑫　刘志龙　李琼音　张宇峰（学生组）王振　张丹　席爽

江苏省

（专业组）于立晗　王占生　王剑　孔伟　刘立伟　刘克勤　汤宇峰　许光辉　李永昌　李刚　李晓　李彬
吴祥忠　张勇　陆雅萍　陈玉婷　罗东风　侍成龙　侍相福　周晓　周琦　周震　姜峰　洪佳宇　贺立峰
倪丹　殷彤　郭晓阳　陶才兵　黄健　曹海勇　崔恒　梁爱勇　董永峻　蒋国兴　魏晓东　籍颖
（学生组）成果　吴雨谦　张誉　陈婧　林媛媛　单靖雯　高玉蓉

浙江省

（专业组）刘玮　李金蔚　张露　陆小赛　陈莺　陈雁　邵健　郎雄飞　郦超　倪莘均　徐蔚
（学生组）马勤　王沁怡　王奇松　王金　王诗婕　王骏　王绿瓯　毛丹露　毛慧敏　方露露　田露
冯武彬　冯昊　吕雨芯　朱文佳　朱菁菁　朱慈超　任凯俐　华尹　刘畅　刘航　刘聃　刘婷婷　刘檬
闫申　许涛　孙文　孙园园　李轩谊　李沁雅　李素梅　杨雨倩　杨洋　杨晨毓　吴玮　吴维　邱方卉
邱昱亭　何佳婷　何津　张骁冬　张艳丹　张锦林　陈申　陈宁　陈佳宝　陈浒　陈陶　陈嘉润　苗芳　林琪　林婷婷　林墨洋
周晨　郑思文　赵波涛　赵奕　胡力　胡坚　胡炯明　俞帆　施哲浩　姚依群　姚科佼　姚瑜　顾盾　钱晶　徐一铭　徐爱同　殷小麦
翁滢　唐德成　黄河　黄雪芸　黄普宸　彭吉璇　傅慧　鲁盈盈　谢丹　虞唯　蔡力力　潘安妮

安徽省

（专业组）邱天　郭文博
（学生组）王丹　邓娜　刘蕾　芮彬彬　李玲　罗万群　魏小华

福建省

（专业组）王泽源　王瑶　尹培如　叶猛　朱文力　庄锦星　刘存有　李庆同　李超　张武　陈志元　陈榕锦
林永富　林禄盛　周小平　郑杨辉　夏蕙　黄可树　萧兰沣
（学生组）王瑶　仇文超　吕翰林　朱清松　伍丹妮　闫萌萌　余玉俊　陈秀梅　陈敏玲　周瑞枝　栾利鹏
郭金龙　薛海宽　魏美佳

江西省

（专业组）王懿清　刘琳　李扬　余剑峰　张哲　陈文辉　陈向鸿　黄晨　曹上秋　颜军
（学生组）毛艳　陶希

山东省

（专业组）马艺峰　马品磊　王媛媛　王楠　刘爽　刘璇　许元森　孙继国　李明　李建峰　李鑫　吴志峰
张玉明　张向东　张潍　侯宁　施庆　姜佳文　麻豪媚　梁宝龙　蒋明燕　薛娟
（学生组）于坤　于晓菲　王浩　王媛媛　孔莹　边梦菲　吕冰　朱其芝　任少楠　刘顺腾　刘虔　刘婧
李上　李晓　李秧　李健　杨巳思　肖磊　吴雪飞　宋雨燕　张玉强　张钊　张晓艺　张晓艺　张峰慎
张琳　周雅　胡晓娜　段秀祥　袁雅芃　夏国栋　倪菁菁　徐凤爱　徐凤爱　殷磊磊　高立军　麻豪媚　章文　薛飞

河南省

（专业组）马冲　马琳　方志锦　邓艺杰　刘华东　汤少哲　李全志　李含飞　吴琛群　余晓峰　汪海
张迎甫　陈众　周兰兰　周雷　郑小波　赵晶　倪璞　董云志　程菊园　谢巍帅　管超
（学生组）方志锦　邓超　任国文　李娇娇　杨梅　杨嘉伟　余晓峰　张西岭　张牧　陈众　胡俊杰
盛立欣　程菊园　谢巍帅　熊帆

湖北省	（专业组）王鸣峰　尹传垠　向东文　向明炎　刘丹　吴宁　吴红梅　吴珏　何凡　何明　宋南　张进　张贲　周彤　周稀　袁禹慧　黄学军　曹凯　梁竞云　傅欣　詹旭军
	（学生组）李坚　李晗　谷川　张云龙　张莹　陈昕　陈康拓　罗坤　胡沛东　郭蓉　曾祥军　赖佳妮　雷汀　詹昊

（专业组）王兴　文旭　朱力　李鹏　李毅伟　杨红爵　吴岳南　张磊　陈飞虎　胡国梁　祖慰　裴梦楠
（学生组）王红彬　邓冰旋　邓冰旋　田欣　丘卉敏　伍韩颖　刘豪夫　许蕊　李梁　杨靓辰　吴伟　吴维霞　余梦华　张佳彬　张建乔　张慧　周卓璇　赵晓婉　侯毅　姜曼　祖鹤然　高力　唐倩兮　黄永富　蒋欣伶　戴慧芬

湖南省

广东省

（专业组）于健　王永斌　王钦明　王铬　方伦磊　史鸿伟　邝江俊　冯峰　仰民　刘文静　齐胜利　汤强　阮界东　李泰山　李致尧　李靖云　杨一丁　杨帆　吴卫光　吴武彬　吴剑锋　岑起东　何为　何杰敏　沈康　宋义扬　宋辉　张育莲　张俊竹　张博　陈洁平　陈洲　陈鸿雁　陈维　陈墨文　林红　周海新　周淼　郑少文　郑念军　郑重　赵静玲　胡林辉　钟景宙　袁铭栏　徐玲　徐树仁　徐婕媛　黄伟鸿　曹鹤　彭征　程冲　鲁明亮　童小明　曾克明　谢云权　谢宇庆　蔡烈波　魏华　Horace Pizza
（学生组）马丹霓　王玉娟　王君　王英杰　王雨欣　王维立　云善仪　仇芹　方硕　石奇杰　龙国盛　龙恺琴　卢振强　卢静　邝珍怡　冯艳伟　宁昌钰　朱忠鹏　朱珊珊　朱彦霖　朱慧　庄宋填　庄勒宏　刘小龙　刘吉佳　刘欣军　刘欣军　刘念　刘郑　刘学磊　刘梦华　刘康　刘翠红　许何展　孙艾婷　苏亚琪　苏嘉仪　李永新　李伟明　李伟梁　李志福　李欣　李建闯　李霖　李璐　杨发　杨跃文　吴智壮　吴翠青　旷艺诗　何祥洲　邹明智　张在宇　张宇宏　张启泉　张咚妹　张凯　陈丹艳　陈世文　陈冬娜　陈敏　陈锐桦　林至磊　林庄　林江波　林保荣　林俊杰　林峻标　林诺　罗韵　周恺恩　周晓冰　周梓深　孟海洋　赵飞乐　赵恺颖　胡向淇　柯健　宫婷　凌德欣　郭佳琳　黄县媚　黄祖锡　黄海　龚成娟　梁俞瑶　彭洁　董文娇　蒋萍　曾丽敏　曾燕君　谢昭　谢俊飞　蒙日升　阚逸滨　蔡冬元　蔡雄　廖天铭　谭雅图　黎建辉　颜秉辉　戴玉梅

广西壮族自治区 　（专业组）王伊伊　玉潘亮　边继琛　贾悍　陶云飞　黄小其　黄文宪
　　　　　　　　　（学生组）王振东　石武汉　牟蔚蔚　李慧春　赵柳武　姜又嘉　覃宇

（专业组）叶汀桂　李茜　杨扬　杨潇　张华锋　周炯焱　胡凯　黄志斌
（学生组）马琳　马楚雨　王思维　王晓辰　王海涛　朱瑞玥　朱静　刘明勇　刘凯　杜欣波　李娟　李晨　杨晨　杨潇　何雨晴　余韵　张珣月　张悦　陈子豪　欧明洪　罗灵　赵珺　胡丁文　段吉萍　姜龙　莎日娜　晏榕雪　郭洁　黄婷玉　笪文博　梁珍珍　彭程　辜佳龙　蒲泽敏　魏华

四川省

云南省	（专业组）李卫兵　李晓刚　杨晓翔　徐曹明
	（学生组）王立威　喻俊铭

（专业组）王晓华　文仁树　刘威　李放　李炎　李建勇　汪杉　陈明　陈晓育　屈伸　贺森　海继平　康念盛　续峰
（学生组）于效雨　马博　王力鸿　王丹　王玉曼　王东　王宁　王宇康　井斌　韦洪杉　尹曾　卢双涛　叶欣　丛擎　冯昆　朱山发　刘艺　刘紫丁　刘颖鸿　孙岩　孙晓萌　李文慧　李双全　李宁　李永超　李宇轩　李阳　李珊　李星　李海娇　李萌　李晨露　李鹏飞　李鑫岩　杨雨晴　杨瑾　吴迎迎　吴茂元　吴燕　何山　何沁　宋天娇　宋任超　张子云　张伟玺　张英武　张恒　张艳　张乾皎　张婷　张霄　陈心依　陈原野　陈瑶耀　拓虹　林山　林沁　周烨　周琅　周琪　周富山　郑文超　赵旸　赵晓雪　胡渊博　姜雪　姜麟　祝铭昊　姚远　姚湘湘　袁媛　耿溪　贾涛宇　顾强　钱红彤　徐竞静　徐蒲　徐鹏飞　高士夫　郭治辉　唐仁桥　桑懿　黄逸聪　曹献桢　彭旭　程冠军　曾宪瑞　温星　温莎莎　禄梦洋　谢伦波　路阳　廖娟　潘桂萍　霍日童　魏婷　魏颖　李彦峰　尚兆珊　贺同文　刘珍珍

陕西省

山西省 　（专业组）王志俊　刘芙蓉　李娜　郭宗平

甘肃省 （学生组）王国军

（专业组）闫飞　姜丹

（学生组）王丽丽　王晓燕　杜萱　李勇乐　杨欣欣　张渊　张琪　范琳　袁瑞云
党晓晨　唐孝乐　黄莉　曾效香　廖立

新疆维吾尔自治区

宁夏回族自治区 （学生组）张强

（专业组）李伦昌　**香港特别行政区**

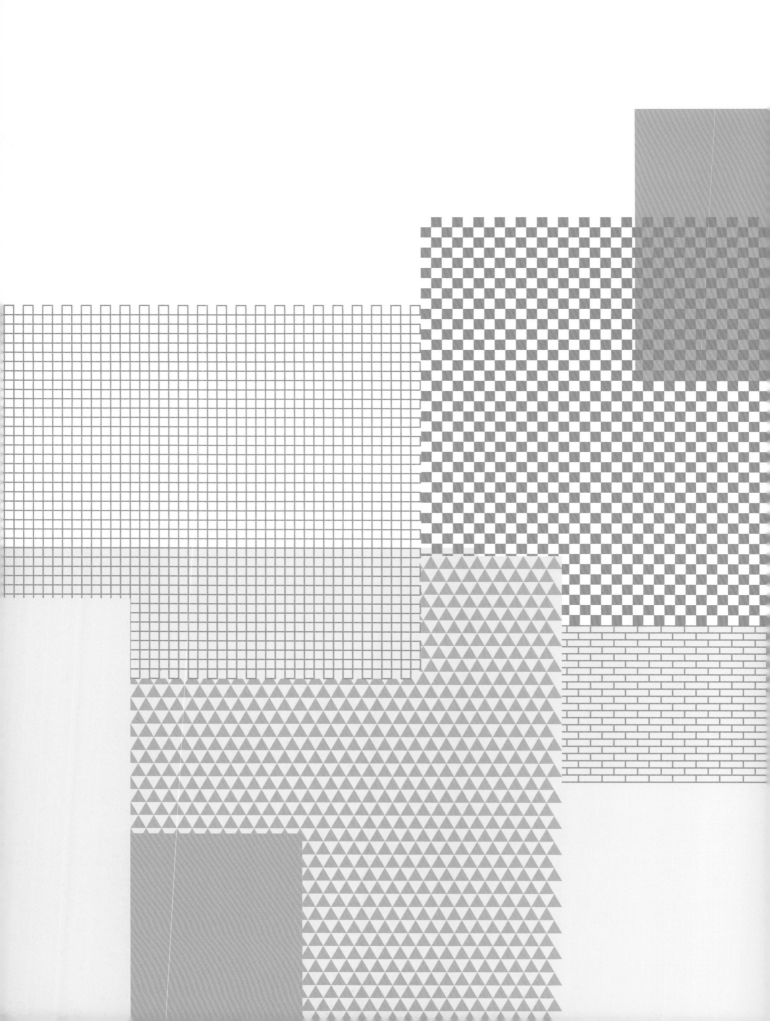

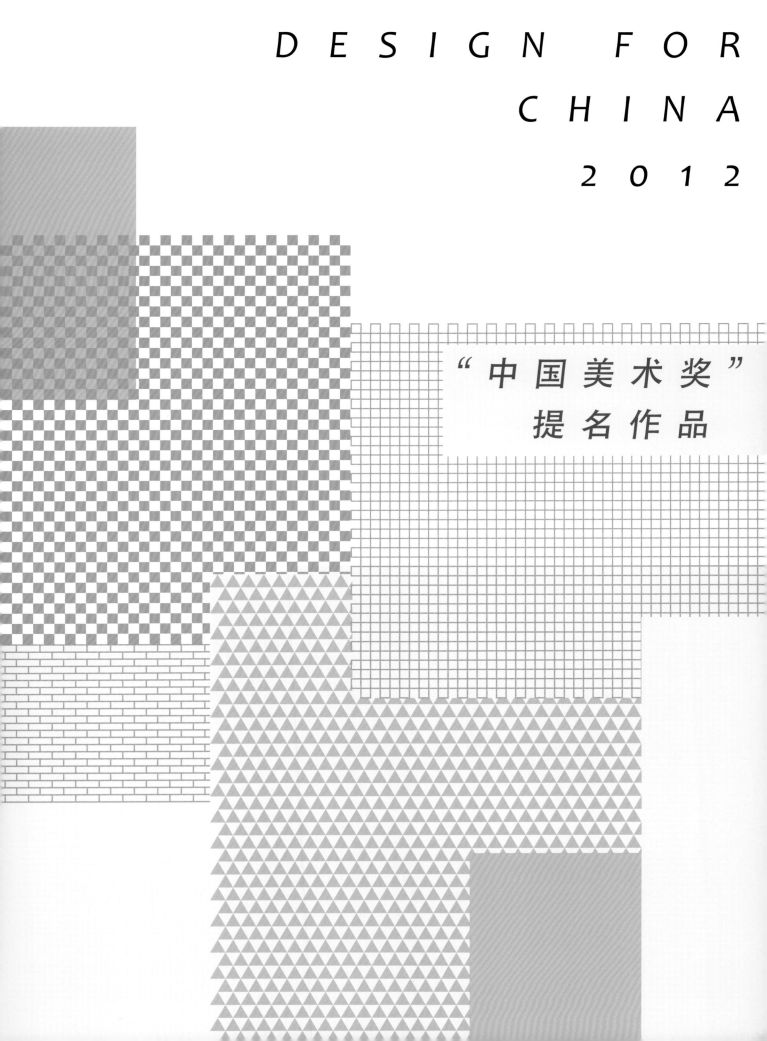

DESIGN FOR CHINA

2012

"中国美术奖"
提名作品

作品名称：绿色海绵营造水适应城市：群力雨洪公园
作者：俞孔坚

湿地边缘与空中步道的装置相结合的公园服务建筑

公园服务建筑立面图

公园服务建筑的横剖面图

木亭：唤起对东北乡土建筑的记忆

在西北角的树状观光塔，登海塔可以俯瞰整个公园

该项目中，创新性地运用了许多设计战略：

1. 保留现存湿地中部的大部分区域，作为自然演替区。

2. 沿四周通过挖填方的平衡技术，创造出一系列深浅不一的水坑和高低不一的土丘，成为一条蓝-绿宝石项链，作为核心湿地雨水过滤和净化的缓冲区，形成自然与城市之间的一层过滤膜和体验界面。沿湿地四周布置雨水进水管，收集新城市区的雨水，使其经过水泡系统，沉淀和过滤后进入核心区的自然湿地。不同深度的水泡为乡土水生和湿生植物群落提供多样的栖息地，开启自然演替进程。高低不同的土丘上密植白桦林（(Betula pendula），步道网络穿梭于丘林和水泡之间，给游客带来穿越的体验。水泡中设临水平台和座椅，使人们更加贴近自然。

3. 高架栈桥连接山丘，给游客们带来了凌驾于树冠之上的体验。多个观光平台，5个亭子（竹、木、砖、石和金属）和两个观光塔（一个是钢质高塔，位于东部角落里；另外一个是木质的树状高塔，坐落在西北角）在山丘之上，通过空中走廊连接，通过这些体验空间的设计，使人远可眺公园之泱泱美景，近可体验公园内各自然景观之元素。

通过场地的转换设计，使湿地的多种功能的以彰显：包括收集、净化、储存雨水和补给地下水。昔日的湿地得到了恢复和改善，乡土生物多样性得以保存，同时为城市居民营造了舒适的居住环境。

雨洪公园鸟瞰图

作品名称：南通唐闸 1895 工业以及复兴规划项目景观设计方案（油脂厂地块）
作者：清华大学美术学院城市建设艺术咨询研究所

NANTONG TANGZHA1895

中心区广场鸟瞰 An aerial view of Central Square

入口方案 Entrance program

中心区广场 Central Square

"中国美术奖"提名作品 专业组

改造手法
Transform the way

■■■ 修缮建筑
■■■ 改造建筑
■■■ 拆除建筑

修旧如旧 存留原建筑表皮，体现历史建筑原生状态

局部更新 改造旧的建筑形态使之符合新的功能需求

工业元素 留存工业元素使之成为场地的重要工业符号，同时，对其功能进行创意性转化

功能分析图
Functional analysis of Fig

3

作品名称：伏羲山棋盘谷精品酒店
作者：吴剑锋　齐胜利

棋盘谷精品酒店，位于河南新密市伏羲山景区内，八千年的中原文化沉淀了它自然与文化资源。本案四周青山环绕，松柏叠翠，诸山来朝，势若星拱。场所内谷峪清幽，成为休养生息的理想场所。而伏羲文化一阴一阳，互根互助，相互转化。四季养生中春夏属阳，秋冬属阴，正如伏羲文化的"以平为期"。

今天，中国亚健康人群超过九亿，压力排名居世界第一，面对恶化的环境和强大的压力所带来的身心疲惫。亲近自然成了心里的休憩。
养生之道，古已有之："医身为下，养生为上。"——黄帝内经。
结合茶道，瑜伽，SPA，中医理疗，休闲度假作为我们酒店主要休闲方式，追寻"养生之道"，打造伏羲山精品酒店品牌。并以此献给伏羲山带来均衡稳定的客流量，带动旅游附加产业的兴旺。

这里，我们没有刻意强调、也无需晦涩难解。只是怀着敬意：随意点染，追寻诗人的视线轨迹，通过一草一木，一桌一椅自然的生气，将观者带入诗人悠然自得的心境，寻找那一片心灵归栖。

这里，坐观四季的轮回，体察四季的更替，魂牵一世的芳尘，养生，养心，养性。客人从膳（餐饮）、行（接待）、宿（别墅）、享（SPA、茶室、书院）多方面来感受四季的美与养生体验。

作品名称：海尔天津津南八里台项目售楼处
作者：刘鸿明

"中国美术奖"提名作品 专业组

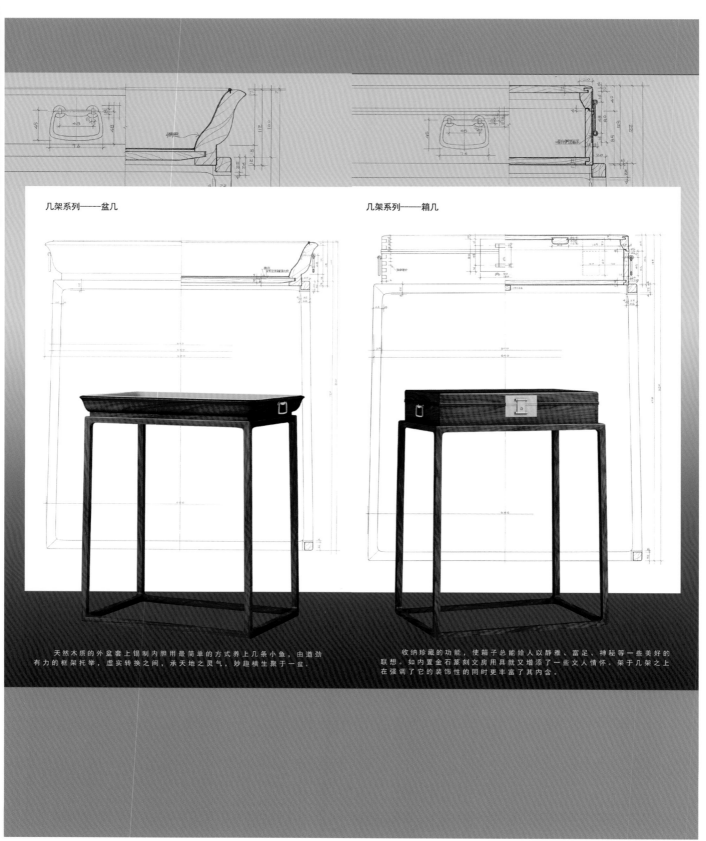

作品名称：几架系列——盆几　几何系列——箱几
作者：金叵罗

"中国美术奖"提名作品　专业组

几架系列——盆几

几架系列——箱几

天然木质的外盆套上锡制内胆用最简单的方式养上几条小鱼，由遒劲有力的框架托举，虚实转换之间，承天地之灵气，妙趣横生聚于一盆。

收纳珍藏的功能，使箱子总能给人以静雅、富足、神秘等一些美好的联想。如内置金石篆刻文房具就又增添了一些文人情怀。架于几架之上在强调了它的装饰性的同时更丰富了其内含。

作品名称：复活（椅）Re-chair

作者：赵石超

Resurrection
R-design

Environmental protection design
of chairs

NO.1 cheir

聚乙烯塑料垃圾桶
二氧无缝焊接金属支架
木
人造皮革
聚氨酯 填充物
1460mm*1100mm*650mm

NO.2 cheir

聚乙烯塑料垃圾桶
聚乙烯塑料薄膜真空包
聚氨酯 填充物
750mm*650mm*700mm

作品名称：北京市宋庄画家村改造设计
作者：张启泉

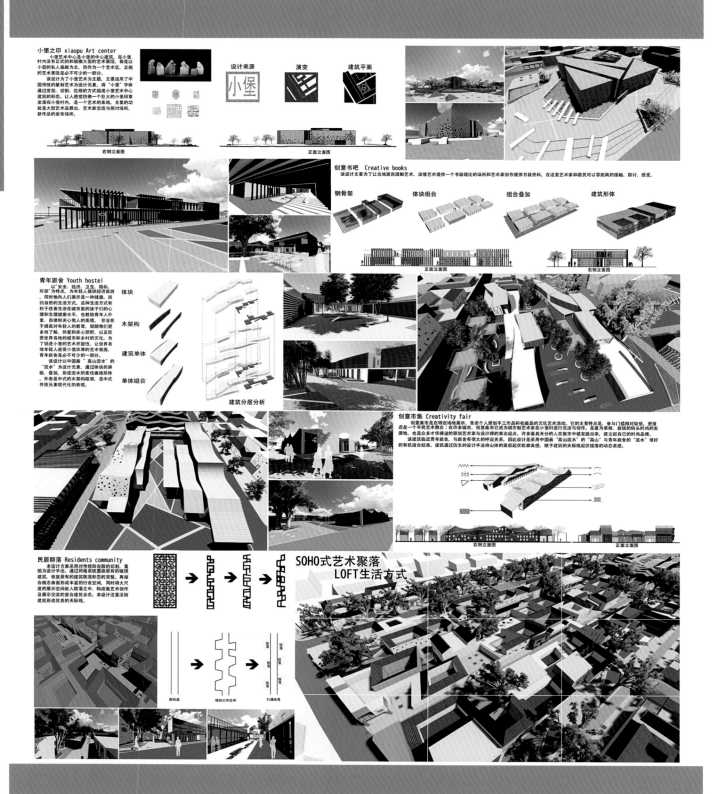

作品名称：陕西省土窑洞环境改造设计之：假想体、窑洞新生、为农民而设计
作者：孙晓雨　赵阳　陈欣　李雨芯　刘超　于洋　张洋洋

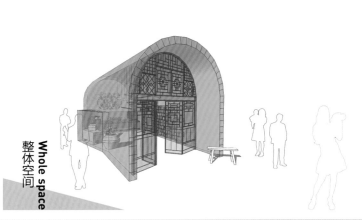

整体空间
Whole space

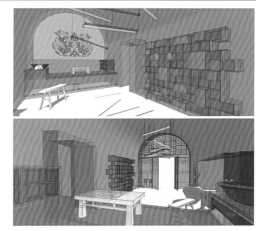

《家当》

黄庆军、马宏杰的《家当》系列影像作品给我们展示出不同地域农民的生活状态，其中陕西窑洞的农民照片印象尤为深刻，一台彩电、几床铺盖、几个锅碗瓢盆就是居住在窑洞中老两口的全部家当，居住环境和生活品质亟待提高。因此我们提出立足当下，通过设计提升窑洞农民的居住环境品质，同时保留原有的生活状态，降低造价实现可持续发展，最终达到创新与实用两个目的。

作品名称：生土窑洞——人居空间探索与规划方案
作者：郭治辉　李双全　拓虹　于效雨　魏颖

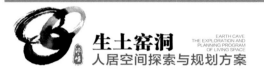

生土窑洞
人居空间探索与规划方案
EARTH CAVE
THE EXPLORATION AND
PLANNING PROGRAM
OF LIVING SPACE

D 窑居发展篇

窑居发展与传承

生土建筑的研究具有重要的现实意义。从环境视角看，在人类走向生态文明与低碳经济的趋势下，生土建筑研究对于引导普遍存在的资源短缺条件下民居建设具有强烈的启示性。今天，生土窑洞已经为我们探索低碳建筑、生态建筑提供了成功范例，并作为新型的人居文化，为后人不断地传承和发展。

The research of earth cave have been more important realism.From the environment,the earth building research have an strongly inspiration in the resource shortage when human in the trend of the zoology culture and the mild economy.Nowdays,the earth cave have been a successful norm of the zoology and mild building.It is also by the way of a newly humam living culture and develop by generations.

窑院平面布置

窑院周边景观

游廊、藤架、矮墙、踏步以及植被的设计，运用方与圆的符号对比，形成窑院上下方景观的呼应，融入人的参与因素营造一种良好的互动。

We want to form the echo between the landscape in overground and the underground courtyard.We use the sign of square and circle in the elements of the courtyard like veranda , pergola , sunk fence , step and design of vegetation.

窑院立面布置

窑居四季意向图

作品名称：沈阳北站改造方案
作者：朱磊

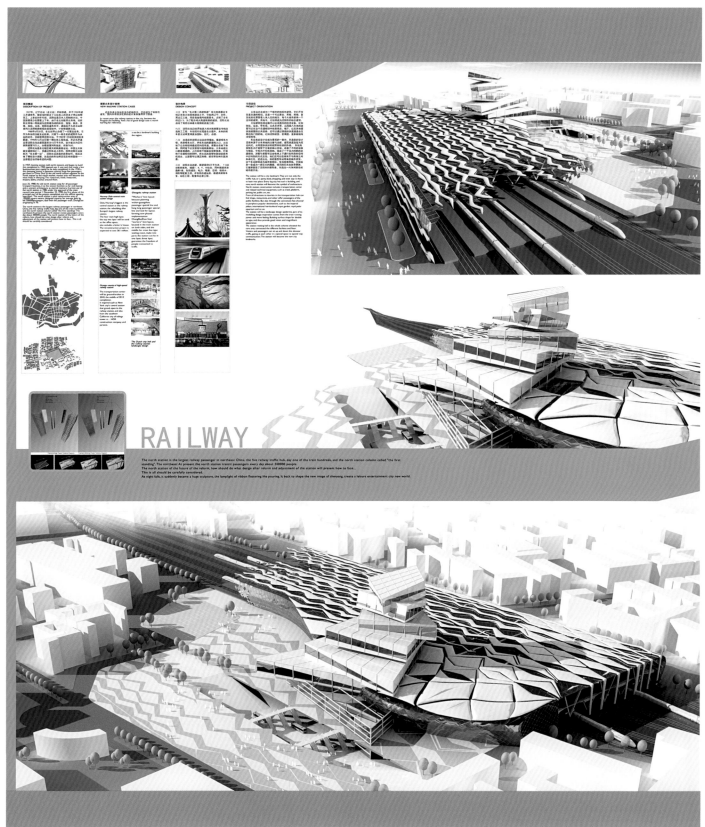

RAILWAY

DESIGN FOR CHINA

2012

优秀作品

作品名称："讴歌伟大母亲"延安清凉山——长征女红军苑规划设计方案

作者：曹德利　石璐　金常江　孙震　玉娇娇　曹阳　王舒瑶　邵新然　王拓濛

作品名称：基于 POE 的南亭村公共空间可持续设计

作者：陈鸿雁　冯峰　仰民（深化指导：吴卫光），冯绍忱　伍清华　詹皇寿　梁晓剑　欧敏华　苏挚邦
　　　叶博文　叶其醒　陈志家　任榕　甘小英　王先玲　吴惠南　杨晨　黄建强　杨杰清　易春宝
　　　雷远庆　杨政　游启正　王德亮　王红军　冯敏华　娄力维　曹鹤等，以及南亭村的部分村民

基于POE的南亭村公共空间可持续设计

**The sustainable design based on POE
In Nanting village of Guangzhou**

POE:(Post-Occupancy Evaluation) 使用状况评价

1

优秀作品　专业组

-1- 对广州南亭村景观场所进行三年的使用状况评价研究，并持续开展三年的景观场所优化建造活动和优化设计研究。

-2- 强调使用者的多种方式参与：使用状况评价参与/优化建造参与/优化设计的参与/管理与维护的参与。强调使用者，当地民众和设计师共同进行优化设计和建造研究。

-3- 强调运用本地材料与技术、低造价的进行建造，塑造一个可持续优化设计和建造的南亭村景观场所。

-4- 设计师、当地民众和使用者共同解决广州南亭村景观场所问题，推行在基于使用状况评价（POE）基础上的优化设计和建造。

1. 残墙凳 Wall chair
2. 洗衣台 Washboard
3. 垃圾凳 Garbage stool
4. 砖台 Brick chair
5. 反光路径 Reflective light path
6. 阶梯椅 Ladder chair
7. 竹床 Bamboo bed
8. 折叠板 Folding plate
9. 跷跷板 Seesaw
10. 木板路 Wooden road

总平面图(单位:m)　3m　10m　15m

01 Wall chair 墙椅

-1-
原来的场所是倒塌的墙，荒废着。村落的市民很喜欢聚会，共同下棋或聊天，但没有一个相对围合的空间场所。

-2-
设计对策：利用本地材料--竹子，对墙体进行修复性的搭建，成为一个可交流和休息的空间。人们也可以围观下棋或打牌。

作品名称：增城香樟墅会所
作者：陈维

● 首层大堂效果图

● 地下层健身房效果图

作品名称：返璞归真——生土窑洞村民活动中心设计
作者：丁圆

生土窑洞村民活动中心设计 返璞归真

窑洞基地现状

课题选择缘由：

1. 根据第四届全国环境艺术设计大会 "为农民而设计" 的主旨和创建生态社会的国家战略要求，继续贯彻执行设计为公众服务、设计让生活更美好的公益设计意图，深入细化生土窑洞设计。

2. 作为原生态生土窑洞设计的延续，在第四届全国环境艺术设计大会论坛会场设计（临时性公众集会场地设计）的基础上，利用部分废弃窑院和空置的场地，为柏社村村民提供参与公共文化生活的场所。改善原有生土窑洞建筑日照、采光、通风以及空间尺度、相互联系的缺陷，充分发挥窑洞建筑节省资源、适应性强的空间优势，使得窑洞建筑得以承继和发展。

2011年会场设计鸟瞰图

2011年会场搭建

2011年会场现场

2011年会场现场

2011年会场现场

2011年会场现场

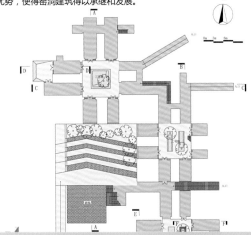

作品名称：城市中的峡谷
作者：郭秋月　宿一宁

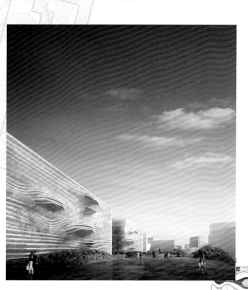

设计分析：DESIGN ANALYSIS

自然流动的山体建筑体现着建筑曲线的美,成为城市中一道舞动的风景;
梯田式的下沉空间成为纵向变化的空间, 是人们休闲、体验自然的场所;
丰富的景观植物呈现纵向的景观形态。绿色将成为建筑给人的第一视觉感受
, 也是建筑最终要追求的精神品质。植物从屋原一直延续生长到每一层的景
观平台以至于到地下的庭院, 建筑成为一个天然的绿色的氧吧和自然冷却的
森林;
静静流淌的溪流。雨水顺着阶梯流淌到底部的溪流, 成为可循环利用的生态
水系;
神秘的光线,它滋养着峡谷中的每一个绿色的生命, 也给建筑和生活在这里的
人以生命的光。
所有这一切成就了一个绿色、生态的天然峡谷, 一个自然景观购物公园。

THE BUILDING OF FLOWING SHOW THE BEAUTY OF THE
CURVE,TO BE A FLOAT VIEW OF THE CITY.
THE DOWN SPACE OF TERRACE TO BE A VERTICAL RANGE
SPACE,IT`S THE AREA OF PEOPLE ENJOY NATURE AND
RELAX.

THE RICH LANDSCAPE PLANTS GROW IN A VERTICAL
FORM.GREEN WILL NOT ONLY THE FIRST SIGHT TO PEOPLE,
BUT IT`S THE ULTIMATE PURSUIT OF MENTAL QUALITY.THE
PLANTS GROW ON FROM THE ROOF TO EVERY LANDSCAPE
PLATFORMS AND TO THE COURTYARD UNDERGROUND,THE
BUILDING BECOME A NATURAL OXYGEN BAR AND THE
NATURE OF GREEN FOREST TO COOLING.

QUIETLY FLOWING STREAM WATER.THE RAIN WATER FLOW-
ING DOWN THE LADDER TO THE BOTTOM OF THE STREAM,
TO BE THE REUSE DRAINAGE OF NATURAL.
MYSTERIOUS LIGHT IT`S FEED ON EACH OF THE GREEN LIFE
IN THE VALLEY,AND IT`S GIVE THE LIVES LIGHT TO THE
BUILDINGS AND THE PEOPLE LIVES HERE.
ALL OF ABOVE TO BE A GREEN AND A ECOLOGICAL OF
NATURE VALLEY AND THE NATURE LANDSCAPE SHOPPING
PARK.

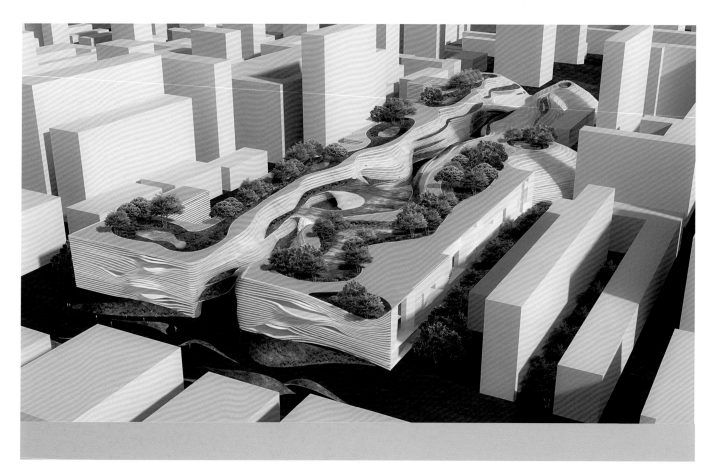

作品名称：青岛市规划展览馆
作者：胡国梁　李鹏　祖慰　张磊等

春天的交响

青 岛*
青岛市城市规划馆

综合成就展厅

进入序厅空间，大气简洁，首先映入眼帘的是空间主体一尊精致的雕塑，适用蓝色玻璃钢材质精心雕琢，形成精致的艺术质感，整体造型犹如三支水柱缠绕盘旋，升腾而起，奔响向上，直冲云霄，生动的造型表现设和出青岛三城齐发新格局的磅礴之势，指引着青岛前行的方向，半空中海鸥翱翔集。

作品名称：云南省鹤庆县善客堂景观艺术及室内设计
作者：刘东雷　宋立民

素食区入口

素食区散客

素食区包厢

素食区包厢节点

兰　素食区
"岸芷汀兰、郁郁青青。"
可食亦可药

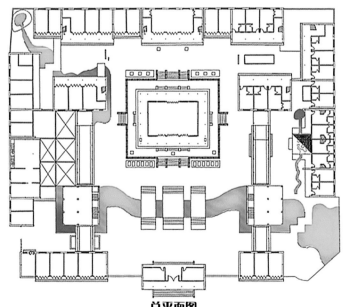

总平面图

水系设计理念："小飞虹" + "玉带河" + "曲水流觞" + "一步桥"

作品名称：建筑空间改变想象

作者：刘治龙　张宇峰　李琼音

作品名称：新东方 Inpan 室内会所
作者：曲辛　尹航

作品名称：世界·视界
作者：屈伸　刘威　李炎　贺森　续峰　李放

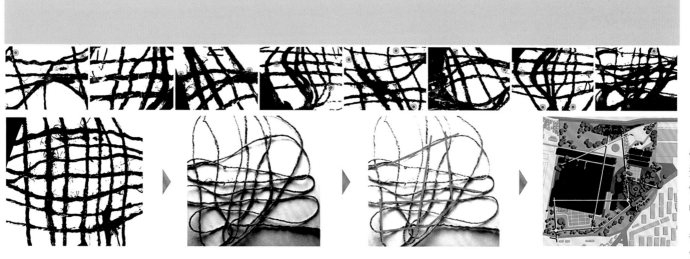

① 主入口广场	⑤ 北入口广场	⑨ 铁道休闲街	⑬ 园区管理中心	⑰ 露天休闲吧	⑳ 游览管道平台
② 接待中心	⑥ 旧机器装置展示	⑩ 休闲咖啡吧	⑭ 酒店	⑱ 立体车库	㉑ 路心岛管道入口
③ 废厂房框架T台	⑦ 露天剧场	⑪ 休闲咖啡吧	⑮ 厂区主体建筑	⑲ 机动车入口	
④ 商业街区	⑧ 展览馆	⑫ 摄影工作室	⑯ 交流中心		

由编织原理转译到空间组合

在一小块编织布中，很多根线相互交错，这些线是通过纤维的旋转、纽织成形的，这样的形态不但有助于线的形成，还使成型后的线更加强韧。当编织布的形态完整、边整齐时，四根线围合而成的空间是正四边形，但正四边形稳定性不强，编织布在某些方向受力时，围合空间会被拉伸成为三角形、异形四边形空间，从而达到空间稳定状态；在一些主要功能空间由于自身属性需要扩大范围时，由于疆界的弹性有限，小空间或附属空间将贡献自己的资源保持整体网络的形态稳定和主次平衡。这两点空间组合的转译思想，贯穿了整个园区廊道网络的布置和适应性演变。

空间功能组合推理

当园区的各个功能套用到场地空间时，由于各功能的主次不同，序列不同，性质不同，其相对应的空间也应适用于该功能，使空间真正适合于该功能。
通过对场地空间的切割、变形、打乱，重新建立联系，推出适合于该功能体系的群组空间。
这样的推理过程来源于对绳网空间的研究：将绳网各节点的受力不同产生的绳网空间变化转译到纺织城艺术区由于各功能主次不同而导致的空间大小不同。如同绳网空间一样，场地主功能空间面积的扩大带来的将是所有子空间的变动甚至牺牲。这样，由于空间的联动适用于功能的联动，才能保证整个功能空间体系的稳定。

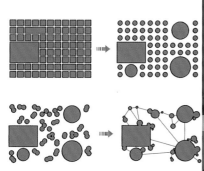

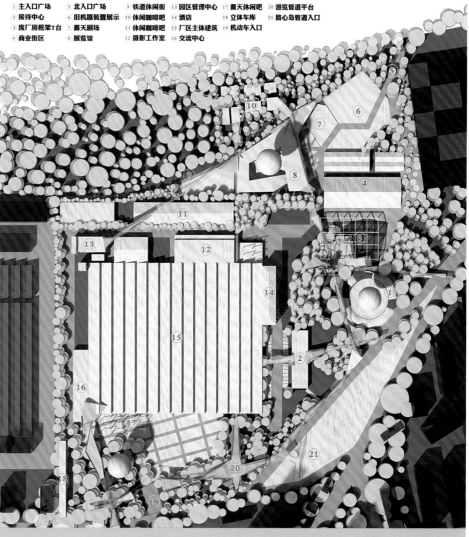

作品名称：土生土长　新农村主义
作者：施济光　冯丹阳

基本户单元
建筑及庭院布局
标准主干家庭：
三代，
祖父祖母
父母、
子女。

檐墙、阳光室构造
外循环式保温通风双层窗
构造及工作原理

村庄道路系统
车行路与人行路以2米宽绿化带分开，确保村民的安全和舒适，以及行车顺畅

墙体保温构造
北方严寒，墙体保温要求高
稻草、麦秸资源丰富，进行适当的加工处理，制成草砖，具有良好的保温性
能，且绝对绿色环保；外保护层也尽量采用环保及可循环材料

北方 寒冷的农村

山村炊烟 — 雾里山村

作品名称：中企绿色总部·广佛基地办公室
作者：史鸿伟　Horace

优秀作品　专业组

作品名称：海南三亚万通喜来登土福湾酒店
作者：吴剑锋　齐胜利

土福湾喜来登酒店位于海南岛东南端、陵水县西部与三亚市交界处的土福湾旅游度假区内，与香水湾、清水湾并称陵水县三大海湾。

土福湾酒店项目的规划及建筑设计紧扣"东方会客厅"这个概念，与自然紧密结合，创造一种悠闲、大气、宁静、舒适的气氛，让客人彻底忘掉城市的喧闹，自由自在的在酒店放松几天。

汉唐建筑是世界上最赋有美感的建筑，它能巧妙的将东方古韵与建筑所有的独特美感结合为一体，浑然天成，相得益彰，是东方文化美学的标志。汉唐建筑与本项目的市场定位——以国际性的视野打造成为南中国面向世界的门户、旅游长廊、东方会客厅相契合。寻找中国传统文化精髓的同时，吸纳现代建筑与滨海度假生活的流线形态，将现代建筑的"形"与中国传统文化的"神"两相结合，使中国文化元素的演绎达到"形神"兼备的完美统一，创造真正属于中国的、世界的滨海休闲度假胜境，实现居住、休闲度假及文化体验价值的最大化。

作品名称：惠东白盆珠温泉度假酒店
作者：吴剑锋　齐胜利

白盆珠温泉酒店地处广东省惠东县白盆珠温泉旅游区内，该项目将成为惠东县一个高品质的温泉休闲度假场所，也必将提升整个片区的旅游品质。

中国传统的建筑符号在人们的印象中根深蒂固。如数照抄，搬来就用的曾经的习惯性作风，在今天的社会里已经遭受了强烈的批判。中国的建筑不能停留在原来的骄傲中不能自拔，而是需要真正的思考，找到新的发展。中国的建筑符号在中国人的印象中有不可磨灭的记忆，那就从记忆开始寻找问题的答案。把传统的中式符号进行简化，分离再组织，把记忆去强化，去寻求最简的意象。认识并了解传统，从而推动现代建筑设计的发展，是创造具有感情的建筑敢于追求的艺术之间的结合。

由于本工程大部分为山地建筑，在交通及竖向设计上，主要考虑依据山势，尽量减少土方工程，打造错落有致的山地建筑群。区内主要采用电瓶车作为交通工具，竖向方向各栋建筑单体依据山势、层层错开高差，使每栋建筑单体都不会受到前一栋单体的视线阻挡，可以共享周边优美的自然环境。

優秀作品　专业组

作品名称：人民大会堂广东厅改造设计工程
作者：吴武彬　谢宇庆　张博

■ 这些手绘稿是设计师在设计时为寻求最佳方案留下的部分手稿

设计草图一

■ 门框造型简洁、明快，门板采用传统格子门，细节图案来自岭南建筑。

广东厅现有吊灯

■ 吊灯的设计灵感源于木棉花，叠加的效果更能呈显水晶灯的璀璨。木棉花是春天的象征，也是广东人民所喜爱的"英雄花"。在大厅中央的三盏木棉花大吊灯，既点明了本厅的岭南地域特点，又洋溢着春之气息。

作品名称：海南陵水三正半山酒店项目
作者：徐婕媛　谢云权　刘文静

项目概况：

　　项目基地位于陵水县土福湾度假村，这里是海南东部热带滨海沿岸珍贵的旅游风景湾区之一，位于海南省陵水的南端，东至万福村，与三亚市海棠湾接壤，西至赤岭村，南临浩瀚南海，靠近海南东线高速公路。景区以赤岭（包括小赤岭、赤岭、第三岭）为中心，分东西福湾，赤岭湾两翼展开，奇礁异石恰似海上城市奇观。景区椰树婆娑、绿草如茵、帆影点点、渔歌唱晚，有"亚龙湾姐妹湾"之美称。

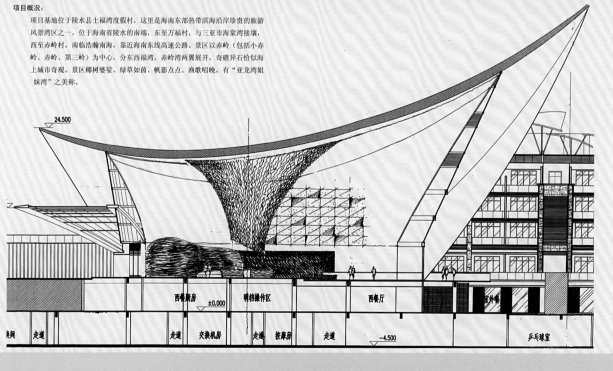

作品名称：土性文化——喀什"布拉克贝希"生土民居文化体验馆
作者：闫飞　姜丹

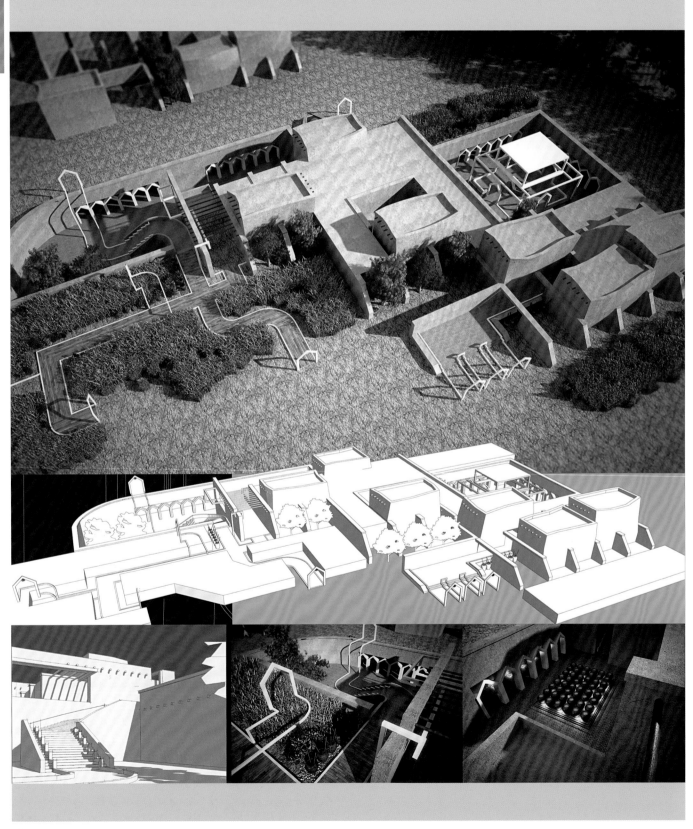

作品名称：无围榻·围板宝座组合

作者：苑金章

优秀作品　专业组

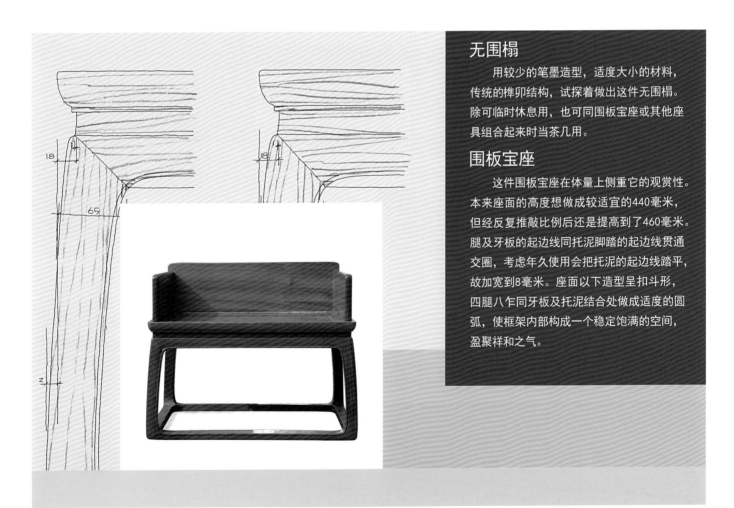

无围榻

　　用较少的笔墨造型，适度大小的材料，传统的榫卯结构，试探着做出这件无围榻。除可临时休息用，也可同围板宝座或其他座具组合起来时当茶几用。

围板宝座

　　这件围板宝座在体量上侧重它的观赏性。本来座面的高度想做成较适宜的440毫米，但经反复推敲比例后还是提高到了460毫米。腿及牙板的起边线同托泥脚踏的起边线贯通交圈，考虑年久使用会把托泥的起边线踏平，故加宽到8毫米。座面以下造型呈扣斗形，四腿八乍同牙板及托泥结合处做成适度的圆弧，使框架内部构成一个稳定饱满的空间，盈聚祥和之气。

作品名称：北京谷泉会议中心
作者：周海新

项目名称：北京谷泉会议中心
项目面积：总建筑面积42714m²

设计强调的是一种空间的感染力，通过造型、质材、光线等，使空间
意化成一种抽象载体，是山是水、或是一种东方遐想。
客房以传统折扇形式为床背景造型，选用两种布艺相嵌在一起，
形成一种独特的视觉效果和肌理感受，自然意象中透露出丝丝清韵。

作品名称：马场道罗兰商务中心
作者：刘鸿明

优秀作品 专业组

作品名称：天津美术学院新校区景观改造工程
作者：刘鸿明

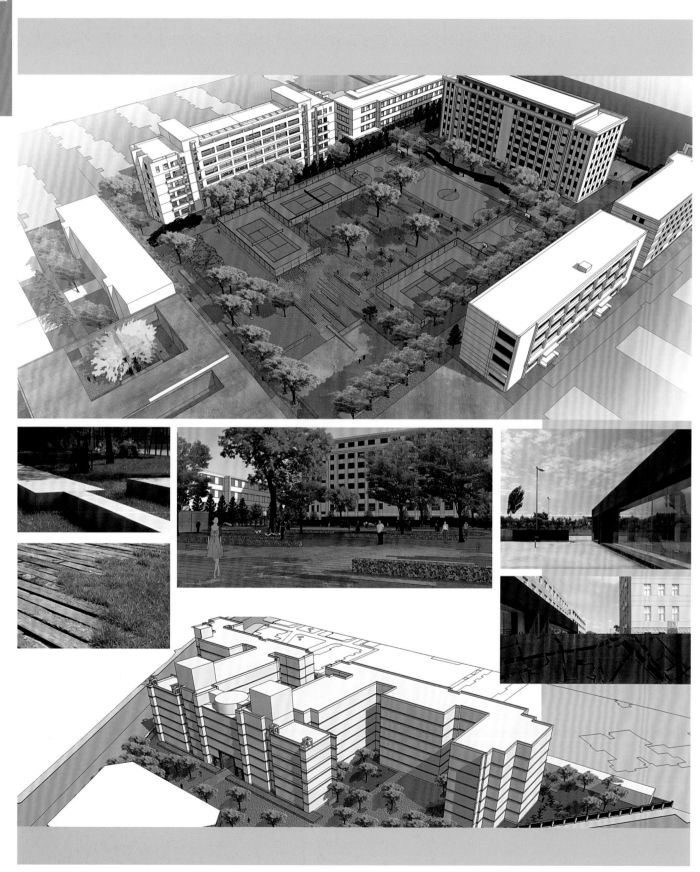

作品名称：转译与生成——沙发系列设计
作者：许光辉　陈玉婷

转译与生成 系列沙发设计

优秀作品　专业组

作品名称：转译与生成——沙发系列设计
作者：许光辉　陈玉婷

作品名称：购物公园景观概念设计
作者：范鑫

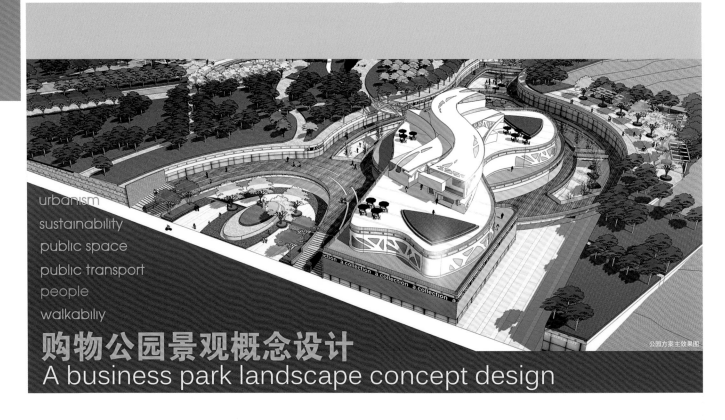

urbanism
sustainability
public space
public transport
people
walkabiliy

公园方案主效果图

购物公园景观概念设计
A business park landscape concept design

　　根的形态和生长方式有其独有的特点。比如: 线条造型的错落交织、网孔形式的聚散有序等等; 概念动态趋势的上具有的同向性、放射性、无序性等动作趋势特征。那么用根的动态趋势来组织根的形态造型, 使得作品既具有根系形态的造型美、又有其动态趋势的律动美。

　　The root morphology and growth means has its own characteristics. For example: line model of strewn at random intertwined, and nets hole forms of orderly, and so on; gather Concept of dynamic trend with the same sex, radioactive, disorder of movement trendcharacteristics. So with a piece of a trend of the form to organize the root, make works not only has the modelling of the modelling of root morphology, and the beauty of the trend of dynamic rhythm beauty.

　　根系被抽象成形态各异的曲线。经过无数次的组合, 我找到了最完美的方式。并以此绘制出主体建筑的草图。

　　The root system be abstract shapes into the curve. After numerous combination, I found the perfect way. And to draw the draft of the main building.

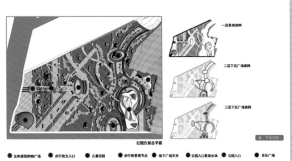

一层景观路网

二层下沉广场路网

三层下沉广场路网

公园方案总平面

● 主体建筑购物广场　● 步行街主入口　● 儿童乐园　● 步行景象观节点　● 地下广场景观水处　● 公园入口景观水体　● 公园入口　● 音乐广场

作品名称：西安纺织城艺术区建筑景观设计
作者：冯昆　黄逸聪　吴迎迎　杨雨晴　徐竞静

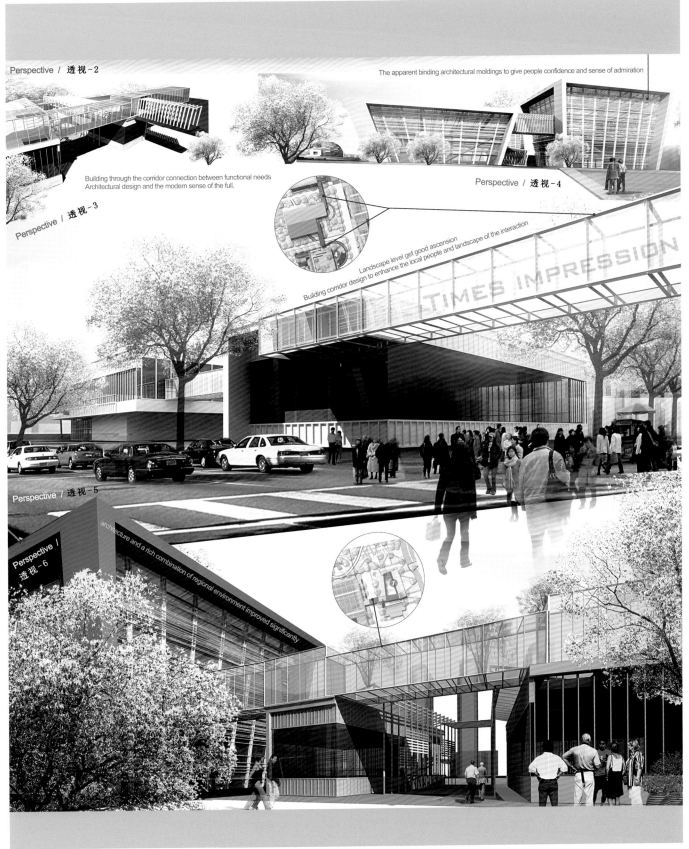

Perspective / 透视-2

The apparent binding architectural moldings to give people confidence and sense of admiration

Perspective / 透视-4

Building through the corridor connection between functional needs Architectural design and the modern sense of the full.

Perspective / 透视-3

Landscape level get good ascension
Building corridor design to enhance the local people and landscape of the interaction

TIMES IMPRESSION

优秀作品　学生组

Perspective / 透视-5

Perspective / 透视-6

architecture and a rich combination of regional environment improved significantly

作品名称：材料实验——基于秸秆材料的空间建构
作者：成果

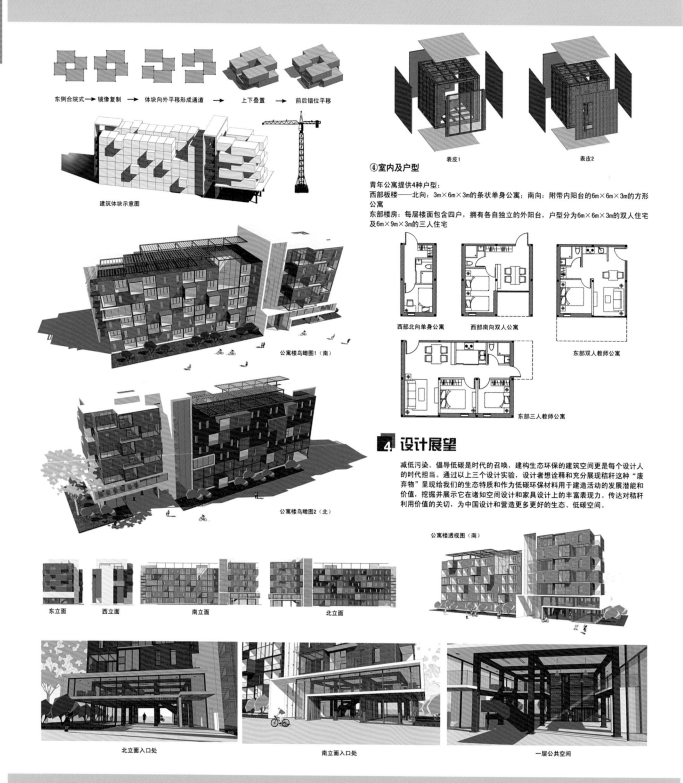

东侧合院式 → 镜像复制 → 体块向外平移形成通道 → 上下叠置 → 前后错位平移

建筑体块示意图

表皮1　　　表皮2

④室内及户型

青年公寓提供4种户型：
西部板楼——北向：3m×6m×3m的条状单身公寓；南向：附带内阳台的6m×6m×3m的方形公寓
东部楼房：每层楼面包含四户，拥有各自独立的外阳台，户型分为6m×6m×3m的双人住宅及6m×9m×3m的三人住宅

公寓楼鸟瞰图1（南）

公寓楼鸟瞰图2（北）

西部北向单身公寓　　西部南向双人公寓

东部双人教师公寓

东部三人教师公寓

4　设计展望

减低污染、倡导低碳是时代的召唤，建构生态环保的建筑空间更是每个设计人的时代担当。通过以上三个设计实验，设计者想诠释和充分展现秸秆这种"废弃物"呈现给我们的生态特质和作为低碳环保材料用于建造活动的发展潜能和价值，挖掘并展示它在诸如空间设计和家具设计上的丰富表现力。传达对秸秆利用价值的关切，为中国设计和营造更多更好的生态、低碳空间。

公寓楼透视图（南）

东立面　　西立面　　　南立面　　　　　北立面

北立面入口处　　　　　南立面入口处　　　　　一层公共空间

作品名称：迪拜世博会主题馆概念设计
作者：桂琦

優秀作品 学生组

作品名称：太湖石书架

作者：郭斌

太湖石书架

中国的古典园林是世界历史文化长河中璀璨的一颗明珠，无论在东方还是在西方的园林与建筑史上，都占有着举足轻重的作用。

中国古代文人对太湖石不仅有深刻的钟爱，而且对太湖石有全面的评鉴标准。评鉴太湖石的标准，即"透""漏""皱""瘦"，这是一个好的太湖石所应具有的特点。

作品名称："复窑"——地坑窑院室内设计
作者：李进

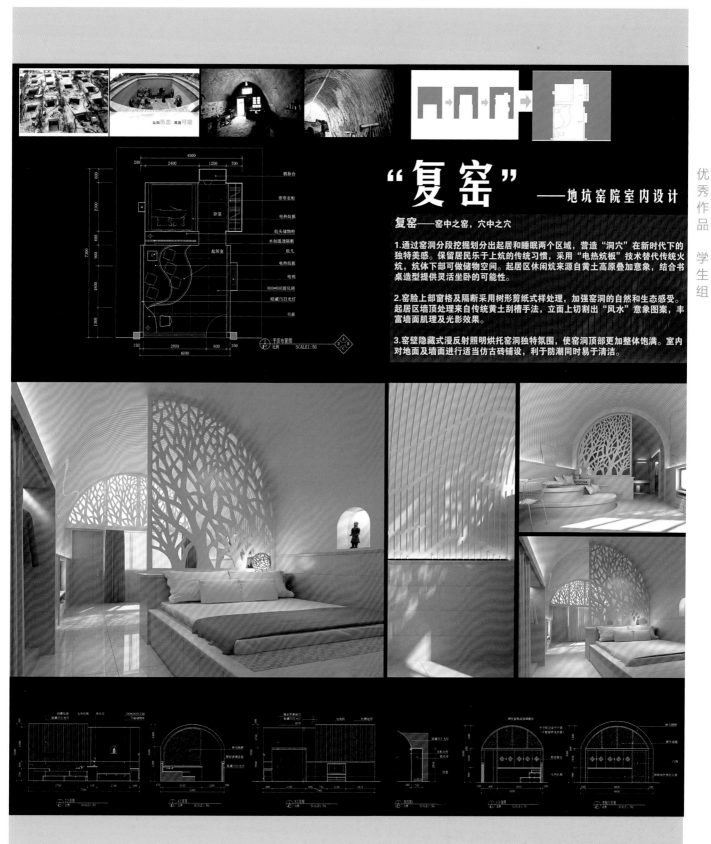

"复窑"
——地坑窑院室内设计

复窑——窑中之窑，穴中之穴

1.通过窑洞分段挖掘划分出起居和睡眠两个区域，营造"洞穴"在新时代下的独特美感。保留居民乐于上炕的传统习惯，采用"电热炕板"技术替代传统火炕，炕体下部可做储物空间。起居区休闲炕来源自黄土高原叠加意象，结合书桌造型提供灵活坐卧的可能性。

2.窑脸上部窗格及隔断采用树形剪纸式样处理，加强窑洞的自然和生态感受。起居区墙顶处理来自传统黄土刮槽手法，立面上切割出"风水"意象图案，丰富墙面肌理及光影效果。

3.窑壁隐藏式漫反射照明烘托窑洞独特氛围，使窑洞顶部更加整体饱满。室内对地面及墙面进行适当仿古砖铺设，利于防潮同时易于清洁。

作品名称：北京宋庄酒吧步行街设计
作者：刘吉佳

作品名称：劲霸男装品牌服饰店概念设计

作者：罗田

优秀作品 学生组

空间 · 构成 · 对话

构成主义 · 品牌服饰店室内设计方案

CONSTRUCTIVISM
Brand clothing store interior design

品牌文化 Brand Culture

劲霸男装专注夹克32年，他用独特设计终结了后克的单调，从而成为中国高级时尚后克领先者。劲霸男装，引领后克及配套服饰的设计，让休闲装更时尚。

X-BOKING focus on the jacket 32 years, his unique design of the end all the monotony of the jacket, thus becoming the senior Chinese 500 jacket leader. Rimula men, to lead the design of the jacket and clothing accessories, casual wear and more stylish.

品牌风格 Brand style

劲霸男装的风格比较稳重成熟，其服装线条硬朗，32年专注后克领域，凭借对中国男士审美的深刻洞察，设计团队特别严选各种贵重面料并进行复杂的手工处理，以机器无法取代的真诚，给每一款服装带来全新的风格着现和美定义。

X-BOKING style is more stable and mature, their clothing line is tough, focus on the jacket the field in 32 years, by virtue of the States-men's aesthetic deep insight into the design team in particular, carefully selected a variety of noble fabrics and complex manual handling Machine con not be replaced in good faith, to the clothing of each with a new style of per formance and aesthetic definitions.

设计说明 Design Notes

空间设计来源于劲霸男装的设计理念，劲霸男装服装风格成熟稳重，时尚感十足，线条硬朗，所以空间以硬朗的直线构成。空间整体设计过程运用中国传统图样及传统文化作为空间设计元素美景，空间颜色的选择灵感来自中国水墨，简洁酷感十足的黑白色搭配本地色，时尚与自然地交融，现代与传统的结合，用自然界中的元素去演绎现代前卫的购物路国。极具视觉冲击力的线条与灯光为体设计塑造一个不同于以往购物空间的新体验。通过对城市结构的提到，使贯穿空间的本材质能材将完整的母空间围合出于空间，围用不一的空间设计使空间与商品，商品与体验产生一种对话体验着出于心理暗示，并审看关于自然与如空间的故事，基于前卫性的空间设计构思，在材质的搭配上也由采取的不繁琐的设计理念，将可塑性木材最光处理，配合天花与地面的天然理石，给体验者带来美感变上的强烈刺激，为诉说大自然无美的材质语言造上一层更规就现代前卫意义的色彩。

早期草图 Early sketch

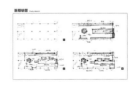

元素提炼出 Derivation of the element

模数 · 拆解 · 设计 Dimensions subtitle on cast don qt

服饰店空间立面图 Clothing store space elevation

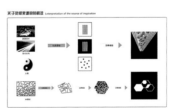

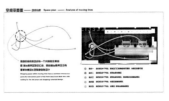

关于灵感来源的解读 Interpretation of the source of inspiration

空间平面图 ——动线分析—— Space plan —— Analysis of moving lines

购物的空间形体由结构的一个元到较意图表的
更具有良的空间的纹对话交流，动线流动的更自由更
自由学体验以及到其的空间设计

Shopping space within moving lines have a common construction point the risk excess point of the form desk food desk nice with
waiting for the new done red shopping connected design

空间结构分析 Decomposition of space

原始构架
The original framework

吊顶结构
Ceiling structure

形态组合
Form of combination

作品名称：千山风景区游客中心概念设计
作者：沈媛媛

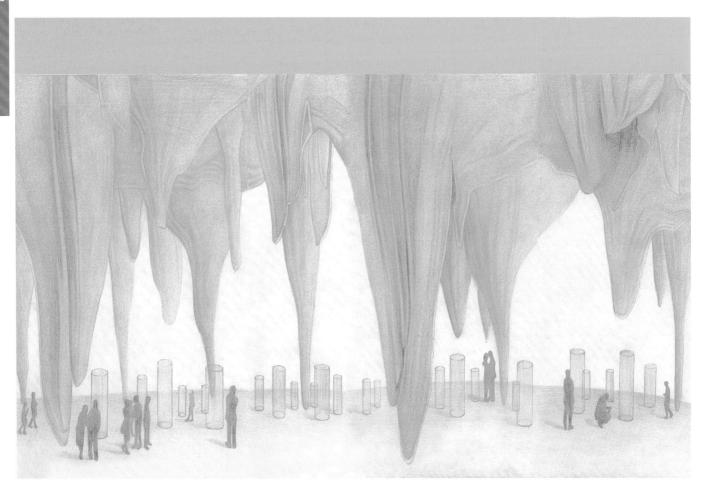

千山风景区游客中心概念设计

一 选题调研

"游客中心"又称"游人中心"或"游客接待中心"，是旅游地区对外形象展示的一个主要窗口，也是一个景区的接待中心、服务中心、显示中心、通过中心。随着我国旅游业的发展，对风景旅游区集散地设施集聚和服务功能的出了更大的需求。作为旅游景区重要的综合服务配套设施建起过一游客中心的内外观造型及功能需求，对旅游中心系统展开，教会现在各各风景区的游客中心系统的发展，其实现的各多风景区比较合理的建设有约。

略山千山风景区是国家5A级旅游景区，总面积44平方公里，素有"东北明珠"之称，为国家重点风景名胜区。千山有景点100余处，按自然地分为北部、中部、西部和南部四个景区，它们千山风景区整个游人入山门。通过调查研究人众多人地旅游客会会议交通出2083人，大部分游客不不随地好看了解千山的精髓所在。特别是千山风景区的人文特色，大部分人只是少马观花的观赏游了。这里呈现问游客服务与天集游和从入游客的的印记。大部分游客知道千山风景区，如同对千山风景区的设计将核心设计概念集中、如何室览游人的感受和体验，并通过展示方式知道线细化起设感受和体验，并通过展示方式知道线细化起感体验，使人识别"千山风景区"形成记忆深化千山的华化的处理的情也。自然景观是人文景观的情也。自然景为人文景为观的情也。

1 区域定位

2 总体规划分析图

3 主要景区分布

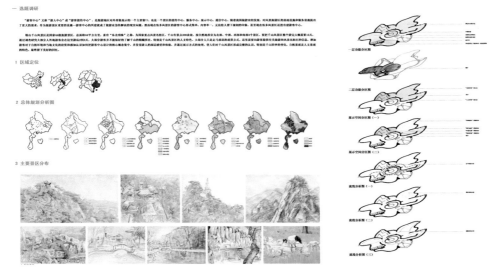

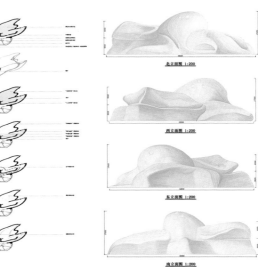

44

作品名称：孔·隙　陕北体验式生土窑洞旅店设计
作者：孙贝

孔·隙 陕北体验式生土窑洞旅店设计
CAVE & INTERSTICES

人类自原始社会便衍生出了穴居的栖居方式，陕北黄土高原的窑洞即保存的人类这种相对原始的生活状态。在当今各个地方日益趋同的环境下，窑洞这种地方特有的大地艺术应当被保护-更新-再生。

本设计定位为一个以"孔、隙"为主题的陕北的生土体验式旅店。由于现存陕北窑洞所存在的阴暗，潮湿等问题，因此，在窑洞与窑洞之间增加可以呼吸的洞即天井院，使生土窑洞具有了新的活力与生命。

天井院与各个窑洞皆有联通，使空间富于变化，同时窑洞不再阴暗。

作品名称：开封柳园口湿地景观规划设计——候鸟迁徙中转站
作者：王一鼎

开封柳园口湿地景观规划设计
——候鸟迁徙中转站

此段黄河为著名的"地上悬河"，河床高出两岸自然地面3－10m. 大堤外侧宽约2－8km的范围内，滩地沼泽分布较广，两侧有众多的背河洼地，呈带状分布于黄河两岸大堤的外侧。此段河道动向极不稳定，属游荡性河道，且逐渐南移。这是一片混沌的土地，人作用于土地，土地又作用于人，候鸟在生态圈中也遭受影响。因此，柳园口湿地在保护生态系统和生物多样性方面需要采取新的办法来发挥它"候鸟迁徙中转站"的重要作用。

本方案的基地是一个经过不合理开采而荒漠化的土地，在汹涌的黄河边有一块棱角分明的三角形土地是多么让人诧异的事情。将此地改建为湿地公园，方案分两部分，一个是鸟的room设计，一个是湿地的景观设计。

黄河泥滩地的规划设计采用了建筑史上"取裁用圆，象太阳也"的概念。黄河周边自古就有规划成圆城的例子，这是出于防御要求或某种象征意义的考虑。为了防止村镇的灯光噪音对鸟类的干扰，地形上有意将直视感段拉高，造成一段屏障。景观节点也都采用圆形给人鸟以安全感同时带来360度的观景感受。

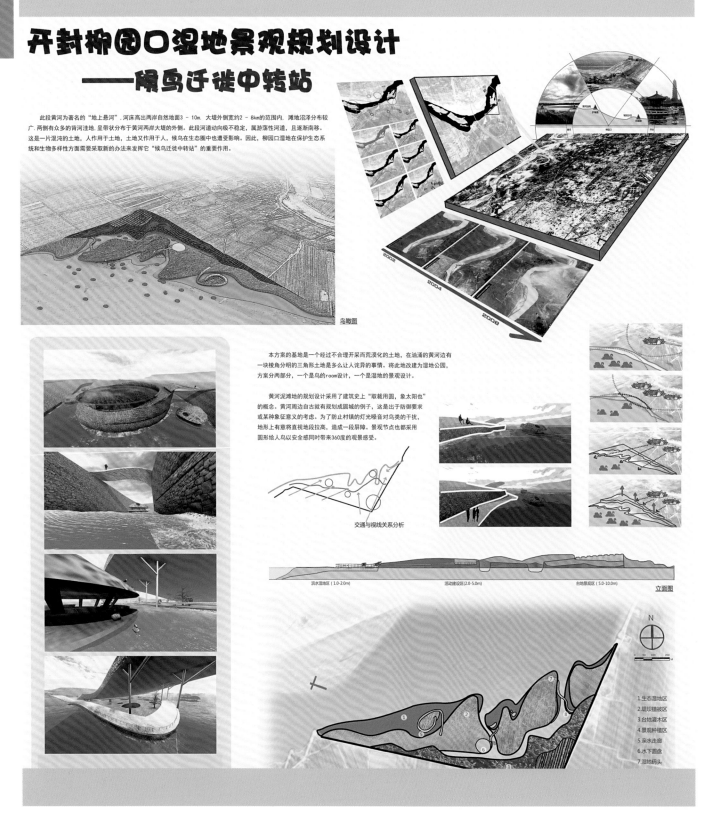

鸟瞰图

交通与视线关系分析

混水湿地区（1.0-2.0m）　活动建设区（2.0-5.0m）　台地景观区（5.0-10.0m）　立面图

N

1.生态湿地区
2.堤坝植被区
3.台地灌木区
4.景观种植区
5.亲水走廊
6.水下圆盘
7.湿地码头

作品名称：深圳当代艺术博物馆设计
作者：王雨欣

优秀作品　学生组

设计目标

主题：深圳当代艺术博物馆
建筑面积：2000M²
选址：深圳笔架山公园

博物馆说明

深圳当代艺术博物馆（Museum of Contemporary Art Shenzhen），以展览本土当代艺术作品为主。"当代艺术"时间上指示今天的艺术，在内涵上主要指现代精神和现代语言的艺术。

身在深圳这个多元化的城市中，为当代艺术家们，提供一个展览作品以及交流的建筑空间。

选址在位于市中心的笔架山公园，交通便利，人群丰富。让广大的深圳市民也能在亲近大自然的同时接触当代的艺术氛围。

区位分析

■ 建筑基地
■ 城市文干道
■ 笔架山公园及周围公开地
■ 笔架山公园停车场

设计概念

信息块

分解

再次组合

简约的外观 + 简单环保的建筑材料 + 周围环境
=
自然融合

平面图

一层平面图 1:500

二层平面图 1:500

建筑特色

建筑玻璃幕墙由多层半透明玻璃构成，玻璃对光线进行的折射。白天，这些幕墙能够完美的将自然光线引进室内之中。在夜色降临之时，整个建筑显得内外通透。

设计说明

深圳当代艺术博物馆（MOCA SHENZHEN），整个建筑由白色的几何体错位设计组合而成，将建筑与风景自然融合。

该建筑共2层，占地约2000平方，一楼设有大厅、艺术书店、露天与室内展厅、活动区；二楼设有展览厅、展厅，并伴有户外阳台，将浩瀚美景尽收眼底。

当观者进入馆内时，体会到的是光线、艺术、空间和风景之间的流动。

功能分析

一层流线分析图　　二层流线分析图

一层功能分区图　　二层功能分区图

鸟瞰图

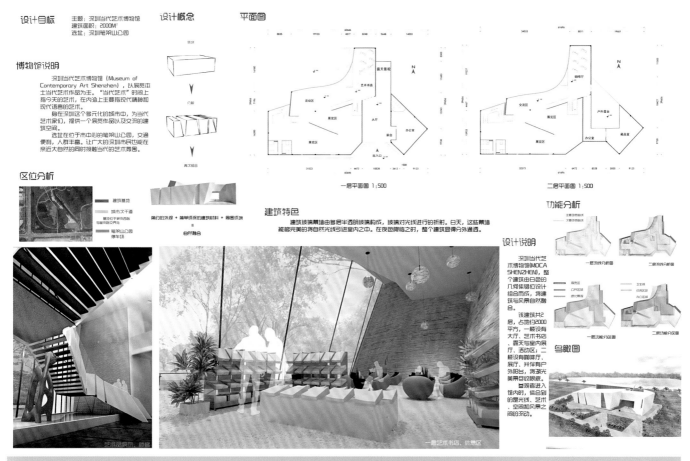

作品名称：拓荒者——生态建筑机器
作者：邢斐

保护性耕作技术conservation tillage technology
随着农业机械化程度的提高，多次耕翻土层和加、对土壤结构有产重影响，土壤团粒变得更小，土壤侵蚀的危险性就更大。作物受害程度高。保护性耕作是通过免耕、少耕、减少作业机具进地次数，在作物收获后用大量秸秆残茬覆盖地表，使其形成一个防护层来保护土壤。它既能保证土壤有必要的流动、同时又几乎不破坏土面，地表残茬能有效地抑制或减轻土壤风蚀和水蚀，保持土壤中的水分

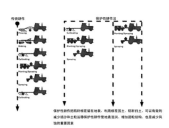

保护性耕作把秸秆根茬覆盖在地表，利用根茬固土，秸秆防止，可以有效的减少扬沙和土粒运移保护耕使地表径流减，增加团粒结构，也是减少风蚀的重要因素

作物收获后用大量秸秆残茬覆盖地表，使其形成一个防护层保护土壤

秸秆覆盖和减少耕作，有效的提高了土壤肥力

保持土壤中的水分，从而提高作物的产量

1、社会效益
减少径流（水分流失）60%、水蚀（土壤流失）80%左右；
减少风蚀（农田扬沙）60%，抑制沙尘暴；
不焚秸秆，减少大气污染。

2、生态效益
休闲期土壤贮水量增加14%~17%，水分利用效率提高15%~19%；
提高土壤肥力，土壤有机质年提高0.03~0.05%，速效氮提高，速效钾提高。

3、经济效益
提高小麦、玉米产量13%~17%；
减少作业工序，降低作业成本10~20%；
增加农民收入20~30%。

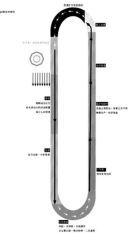

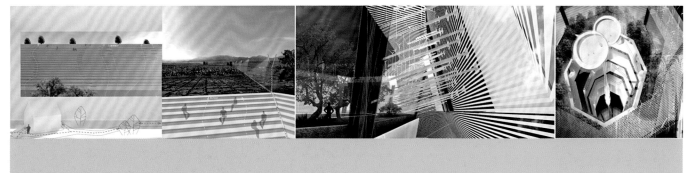

作品名称：关注老人，勿"关住"老人——上海新世纪养老院外环境设计
作者：严丽娜

边界断面A-A

边界断面B-B

边界断面C-C

作品名称：城市文化中心综合体验概念设计
作者：张日林

一一城市文化中心综合体概念设计
Conceptual Design for City Cultural Center

作品名称：水生态主题展示空间设计

作者：张文琪

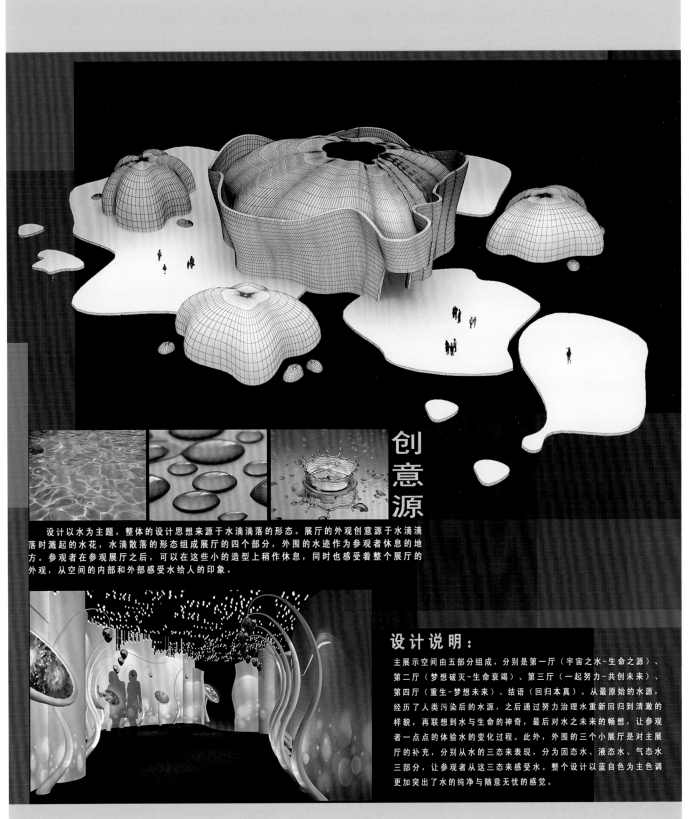

创意源

设计以水为主题，整体的设计思想来源于水滴滴落的形态。展厅的外观创意源于水滴滴落时溅起的水花，水滴散落的形态组成展厅的四个部分，外围的水迹作为参观者休息的地方。参观者在参观展厅之后，可以在这些小的造型上稍作休息，同时也感受着整个展厅的外观，从空间的内部和外部感受水给人的印象。

设计说明：

主展示空间由五部分组成，分别是第一厅（宇宙之水-生命之源）、第二厅（梦想破灭-生命衰竭）、第三厅（一起努力-共创未来）、第四厅（重生-梦想未来）、结语（回归本真）。从最原始的水源，经历了人类污染后的水源，之后通过努力治理水重新回归到清澈的样貌，再联想到水与生命的神奇，最后对水之未来的畅想，让参观者一点点的体验水的变化过程。此外，外围的三个小展厅是对主展厅的补充，分别从水的三态来表现，分为固态水、液态水、气态水三部分，让参观者从这三态来感受水。整个设计以蓝自色为主色调更加突出了水的纯净与随意无忧的感觉。

作品名称："沙漠之花"休闲度假体验中心
作者：赵佳

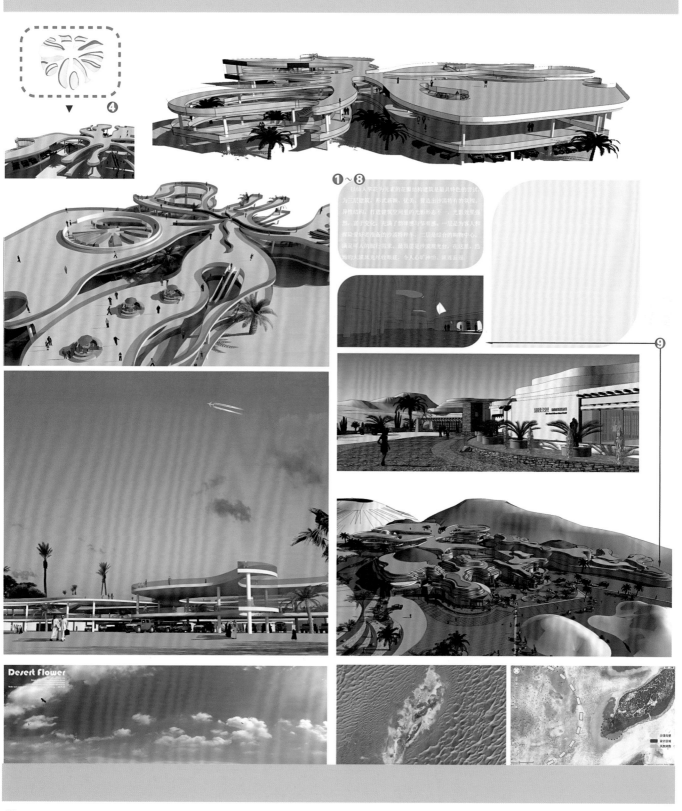

Desert flower

作品名称：雕塑瞬间
作者：郑秉东

优秀作品　学生组

CULTURAL LANDSCAPE:
Bluestones, red rocks, bricks, rubbles and river sands were originally the unique stones of Wanzhou, but now together with this ancient city, have sunk into deep bottom. The landscape forms sedimentary landscape through the layering of different stones.

Public corridor : The two city public space will invite more communication opportunities to the immigrants from different places to exchange ideas giving the river bar waterfront space to the pond.

Ecological corridors : The green city waterfront creates ecologically diverse public spaces for the public. The dynamic waterfront landscape brings more hydraulics experience to people.

文化策略：讲述城市故事——通过营造文化遗产廊道，设置城市纪念性的文化景观，墓碑系统具有了更多的教育意义和文化职能，随着水位的消落，在不同的时刻向刻诉说讲述不同的故事
Memory corridor : This landscape will become the city's memorial. From the laminated rubbles and stones, visitors can read the history of Wanzhou and pay their tribute to this submerged ancient city.

CONTEXT AND CRISIS: THE THREE GORGES PROJECT

Ecology: the Three Gorges Dam cuts the Yangtze River in the middle The natural landscape is flooded by the engineering marvel of the human. A large number of biological species are facing catastrophic death, the biological diversity are damaged and the ecosystem degenerates.

Society: the Three Gorges Project, forcing 1.3 million people to immigrate, has destroyed a kind of existing social structure and order dramatically. At the same time, it has brought about the collapse of social network and organization.

Culture: the reservoir water has flooded the long history of the ancient riverside city. The vulgar development of the immigrant cities has caused the fracture of the urban fabrics.

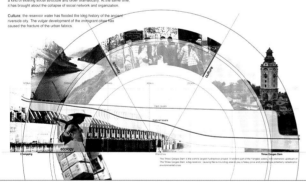

THE YANGTZE RIVER CITY:
Wanzhou originated from the north shore, has become an important Water transportation hub attaching to the Yangtze River.

TRADING PORT:
Wanzhou became an important trading port in the upper reaches of the Yangtze River at the end of 19th century. As the city expanded southwards, the banks became an organic entity.

IMMIGRATION CITY:
The connection of city was cut in the middle by the three gorges water leaving the city separated again.

RECONNECTION OF THE CITY:
With the overflowing number of immigrants. Wanzhou is moving into the climax of urban construction. The new link will create more opportunities for the new urban development.

NATURAL CONNECTION:
Wanzhou belongs to karst landform. With Zhun River and the Yangtze River detaching the rock strata perennially, movable water carved out tangible stones, which formed a natural bridge connecting the two banks. The natural force of water created the natural landscape of the earth-" Stone Piano Ringing Snow"

ANTI-NATURAL FRAGMENTATION:
The natural connection was submerged into the deep river by the insane engineering of humankind after the impoundment of the project. The water cut the city in the middle, resulting in the fault of urban development as well as the unbalance of ecological water system.

Ecological strategies——Reshaping the natural connection: The anti-natural hydraulic engineering separates the context of the urban development into two parts, with the natural connection between the two sides sunk into the deep river. We hope we can create new relations for the development of the two sides by reshaping the natural connection

生态策略——重塑自然的连接，在自然的水利工程割裂了城市发展的脉络，两岸天然的连接体永远沉到江底江面，我们希望重塑这一自然的连接，为两岸城市的发展创造新的未来

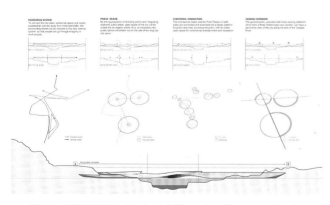

PEDESTRIAN SYSTEM

PUBLIC REALM

FUNCTIONAL CONNECTION

VIEWING CORRIDOR

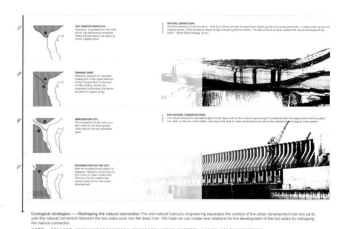

CULTURAL LANDSCAPE:
Bluestones, red rocks, bricks, rubbles and river sands are originally the unique stones of Wanzhou, but now together with this ancient city, have sunk into deep bottom. The landscape forms sedimentary landscape through the layering of different stones.

Among the rocks are embedded some monumental objects of the city, which record the different city histories at different water levels, retelling the old stories of this submerged city.

Social strategies——Looking for the lost public: Wanzhou is the largest immigration city in the Three Gorges Dam project. The reorganization of social relations needs more public communication and city public spaces. We can find new public domains for the lost immigration city through the establishment of regional pedestrian system, the expansion of urban open space, the connection of the public activities, and the creation of city viewing corridor.

社会策略——找回迷失的的公共性　万科是三峡移民区最大规模的大的城市，25万人口被迫迁移　社会关系的重组需要更多的公共交流和城市公共空间　通过建立区域城市步行系统，扩展城市开放空间，连接公众活动，创造城市观景廊道，为这座迷失的移民城市导找新的新的公共领域

11. Cultural strategy —— Telling stories of the city: The landscape will have more educational significance and cultural functions by creating a cultural heritage gallery. As the water level changes from time to time, it offers different stories to visitors.

DESIGN FOR CHINA 2012

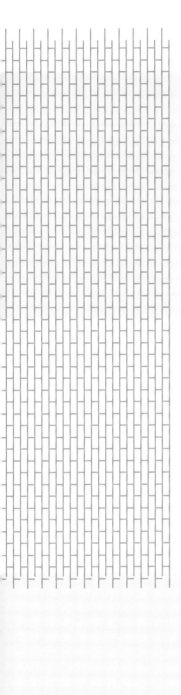

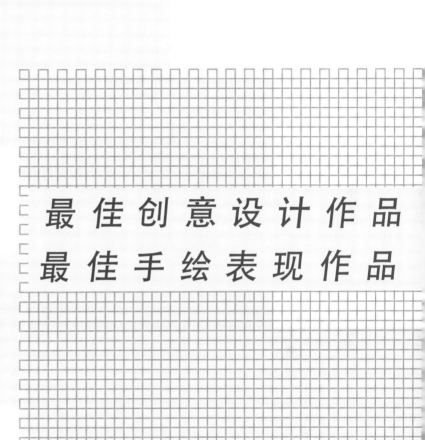

最佳创意设计作品
最佳手绘表现作品

作品名称：天津环湖医院
作者：刘鸿明

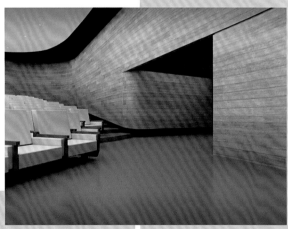

设计面积
　　11.15万平米

项目业主
　　天津环湖医院

设计项目名称

天津环湖医院

作品名称：重庆中国当代书法艺术生态园

作者：潘召南　刘更　赵宇　李俭　张琦　徐正　韩晴　李乐婷　赵梅思

艺术中心是以展示为主的在园区中最为重要的标志性建筑，选址环境背靠大山、面向开阔，山峦与平川相映成趣，极符合中国艺术中的理想境界，如何使建筑与环境融为一体并表现出中国艺术所追求的意境与神韵，为此大费周章。清代绘画大师董其昌的名作《秋兴八景图》给予我极大的启发，起伏的山峦与山际林冠线相互映村，显现出自然中具有诗意般的节奏和绘画中的线性浓淡变化。这种感受使我在中心设计时有了基因。利用坡体建筑形成山形，并在建筑上覆土种植树木，让树木的色彩的变化影响建筑整体的关系，使其建筑的边缘形态更加赋予节奏与后面的山体达到有机结合，由此体现建筑生态性与艺术性的统一。

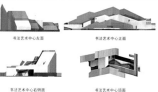

书法艺术中心左面　　书法艺术中心正面

书法艺术中心右侧面　　书法艺术中心顶面

书法艺术中心实体模型

书法艺术中心鸟瞰

二、会议中心

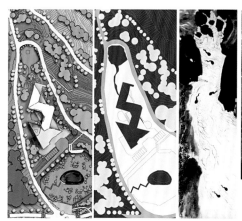

会议中心所处地理位置在山沟之中，由上而下的一条溪流时隐时现的跳跃在乱石与草丛间，沟底有一处占地4、5亩的大荷塘，入夏时一片蛙声响彻山间，此情此景与现代绘画大师齐白石的名作《蛙声十里出山泉》如出一辙。于是设计便从斜坡、蝌蚪、建筑、溪流、荷塘、书画这几个关键要素展开畅想。希望建筑随山泉游动的，流水依旧承载无限生机穿插其间，通过设计使环境赋予灵性和人文情怀，并保持原生态特征。达到了景中有情、情生眷恋的文人画意境。

作品名称：异构空间——浙商大厦售楼中心
作者：刘学文　苑达奇

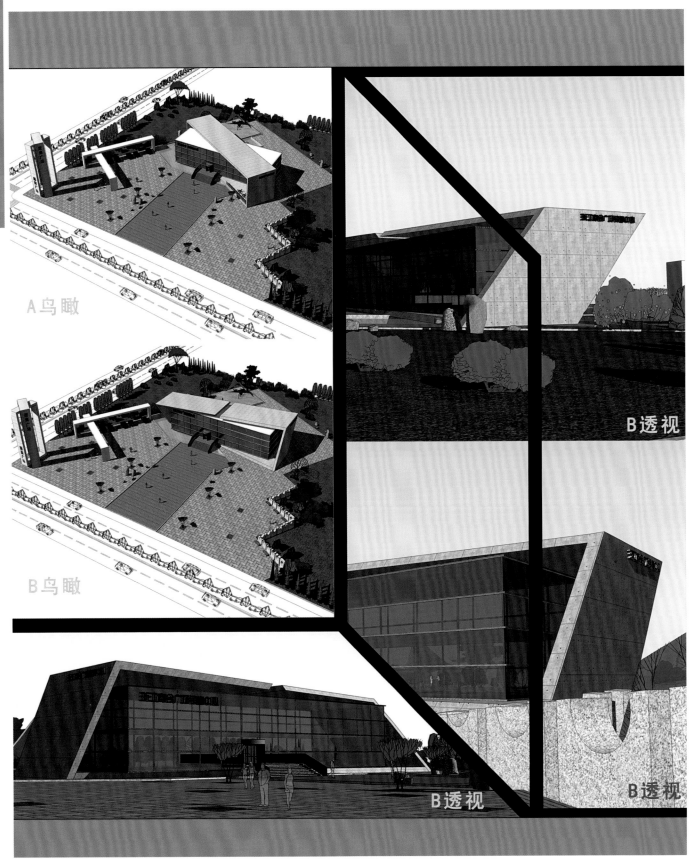

A鸟瞰

B鸟瞰

B透视

B透视

B透视

作品名称：折子戏——北京天图文化创意产业创新基地
作者：王国彬　赵彤

作品名称：吉林省图书馆
作者：董永峻

大厅休闲阅读区是读者等候、阅读、休闲的阳光地带。休闲岛、冰雪景观、路灯等无不体现出北国春城的独特文化。大面积的书架墙产生了强大的气场，大厅面积虽大却丝毫不显空旷。大面积的木色，温暖恬静，与象征着黑土地的水洗面黑色石材相呼应显得格外稳定。导视系统：在最短的时间内提供老幼皆宜，一目了然的视觉导视。

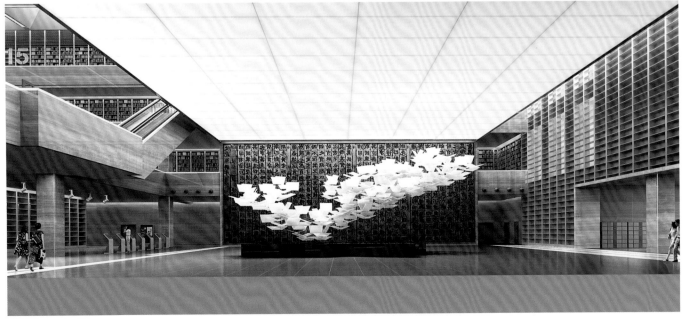

作品名称：国家湿地博物馆建筑景观设计
作者：卞宏旭　苏会人

最佳创意设计作品　专业组

作品名称：地坑院改造 NEW 做法
作者：王晓华

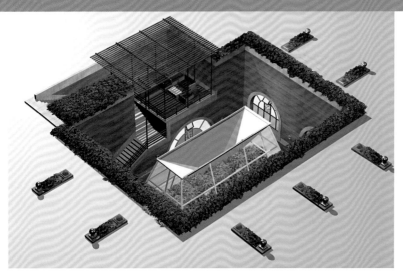

地坑院改造鸟瞰，切出休闲亭台空间首先给院内让出大量阳光

顶层平面图

优雅的休闲亭台

明亮的玻璃温室即能通过反射光源为地坑窑洞增加采光，又能为主人提供跨季节蔬菜

丰富的院落空间

作品名称：生产！景观公社

作者：吴尤　毛晨悦　柳超强　刘晗

Bird's eye view of the community

Wetland landscape

作品名称：《空椅》系列

作者：设计＼姚健　制作＼金叵罗

【空椅】系列 1#

【空椅】系列 2#

■ 這個椅子的設計是基于明式家具的架構模式，并在原有基礎上進行了語言的轉換，結構上試圖體現戲劇性的衝突和變化，并最終達到和諧一致。它保持了傳統家具內部空間的完整性，并最大限度地利用了硬木的材質屬性，同時也保留了傳統文人的風骨和雅致。

■ 這個椅子作爲系列作品是在前者的基礎上做了舒適度的調整，從細微處的處理來考慮椅子和人的接觸方式，更加符合人體工學的要求，從而使家具與人的關系更爲密切。并由此帶來了形式語言的變化，使傳統審美與現代生活自然地結合。令坐者追古溯今、澄懷觀道。

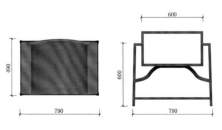

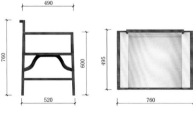

作品名称：中国煤炭博物馆——海天露天矿

作者：牟小萌

最佳创意设计作品　学生组

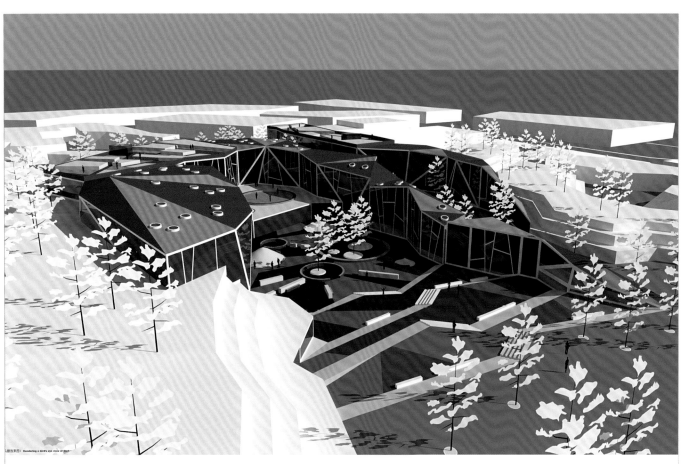

鸟瞰效果图1 Rendering a bird's eye view of the1

中国煤矿博物馆 海州露天矿

China's coal mining museum

辽宁阜新海州露天煤矿曾是亚洲最大的露天煤矿，有着辉煌的过去。1909年的5元人民币背面的电镜采煤的画面就是当年海州露天矿的真实场景，自1913年被发现以来，这里累出的煤炭约有8.2亿吨。如果一立方米一立方米着向前排成墙，200多里，海州矿露天地翼飞、壹向绕地赤道一，1万多多矿工马恶这辈子为生活，如今，只留下这个露村相当于体5里穿体体育馆大小，10多架新楼高的机坑，被厂后的海州露天煤矿曾得诉身清春，如今想哭矿工已不足2000人，在别大距采坑里都得铺桥所都桥都坑，偶尔看别的高汽机车是想来新那垂运出。现在坑底都接"海州矿曾爱就成这坑一面层家矿山山园，依称人为巨坑得门身到上"那在深金"的采然盎然余这"黎生益"，海州露天矿影眼前呼吸吸又里生，达在海矿"调查大平出上，山歌盖是间以，山歌电影，绿色意义，究别一条已北盖日下露天矿之赤满堆，古天气刚刚，阳湿天坑机车备为汽，就山几量以再火车穿梅不止，大型电影上下飞翔，探求原煤记飞牌形飞，月光照正之地，海州露天矿更是刻有一首遥欢，曲蝉红光烈明盖那山，海州露天矿的煤就生成了中华代，大规模的地质变比形成了许许多多的动，植物化标本，深入刺满活地，你自到现发现一些引入的价值众，鸟，树别化石，轮湖海州露天艺，投行明码我盎自大盖，大量大煤矿，同时也能顾明大规模现代化煤炭生产的壮观场面，置身其间，客人不能不为大自然的神秘所吸也不得不为地入别以半而自身，海州露天矿眼行至此历西埠午午军，南北里坏是，盖深南深300多米，总占地面积达30多平方公里，有28个育年盆落坏下分为平盘，平盘之是繁谋群游游游落地显示出盖坏构成凸，为习习惯众人大的便知，海州露天煤矿发展于光绪二十三年，具模模于20世纪50年代的海南海露天矿，2003年昔个煤产，居前加区盖为主要的出展地质层盖新别区，在煤新别区，满阳门，义祖，新匹盖发现，同别是新盖别这重全国影出，海州露天矿影新海南煤大矿于国家矿山公园国家日期指，，世界别名有别海天矿于2005年关底信，依列为国家首首盖别山公园，2009年义被批盖为全国首首个工业遗产示范区，总占地约平方公尺，分为世界工业遗产核心区、高汽机车博物馆和光机运区，国海矿山盖别四区和国家矿山体育公园四别别大别大几个景区，是在海天矿盖址上建设的世界工业遗产旅游项目。

Liaoning fuxin haizhou open coal mine has is the Asian largest open coal mine, with a brilliant Past. The 1960 edition 5 yuan RMB at the back of the picture is when DianGao coal mining Years of haizhou open-pit coal mine real scene. Since 1913 was found here since recovery About 240 m illion tons of coal. If a cubic meters a cubic meters to the front row attac had to Words, can all four laps around the earth. In 2005, the ore into Ku JieQi haizhou, sun Cloth to be closed down, and more than 10000 miner s bankruptcy farewell here for another life, Now, only keep This area abo ut the wulihe stadium size 18, 100 multilevel high The pit. After the bank ruptcy haizhou open coal mine is cold, now CanCai miners clearly Alread y below the 200, in huge deep pits them appear quite isolated. Occasion ally see The steam locomotive is to the surplus goods shipped in the pit. The coal resources exhausted Clerodendrum ore will be built in the futur e domestic first new national mining park. People tried to excuse Former the digging out the "black gold" pit to become "18". Clerodendrum dew Day from fuxin mining center 3 kilometers. Standing in the mine on the Pacific Ocean, overlooking the scheduling YiWuLvShan was green hill, gr een, like a huge dragon PanGen in the open air The southern ore. If the w eather is fine, overlooking the stripping the scene, locomotive, magnifice nt and like Children's toys train travel more than; Large DianGao flying u p and down, rolling coal fly Explosion and diarrhea. Moonlit night, haizho u open-pit coal mine is don't have a different taste, string String of lampl ight, locomotive is like concealed, passing layer as if a huge aura Myster y surrounds mines. Haizhou open-pit coal mine coal formation in the Me sozoic era, big rules Mode of the geological change formed many anima l and plant specimens, the thorough stripped fossils Away from the scen e, you will always find some is called's fish, birds, tree fossil. Cruise haizh ou open-pit coal mine, can enjoy was the first big Asian style, open coal mine At the same time also can understand the modern large-scale coal production spectacle, in which Visitors can't help but for the mystery of n ature, also had to marvel for the strong improvements Heave and proud. Clerodendrum open coal mine mine things long 8 li, north and south, 9 s 4 Vertical depth of more than 300 m, covering a total area of more than

30 square kilometers, 28 world flat Dish and eight homework plates, edge plates bare section clearly show th at geological structure, Points for the interns provide great convenience. C lerodendrum open coal mine YuGuangXu discovered twenty Three years, s cale from the 1950 s, 2005 haizhou open coal mine is announced Bankru ptcy. Most major out in fuxin dew geological plane is in fuxin, fuxin group Downtown, QingHeMen, righteousness county, new high develop, and is th e main fuxin of coal Formation. Haizhou open-pit coal mine fuxin haizhou open-pit coal mine national minepark once Asia First, the world famous h aizhou open-pit coal mine shut down in 2005, the first is listed as Nationa l park of mine in 2009, and was approved as national first industrial herita ge tourism Demonstration area. The total 28 square kilometers, divided in to the world industrial heritage core, evaporate The turbine car museum a nd sightseeing line, international mining tourism, d.c. and national mining sports Park four parts of hundreds of spots, is in the open mining site in th e world of construction industrial heritage tourism projects.

回顾级的地区的经济影响
Around the reviewed effects of the overlooking areas

建筑功能与影响 Architecture function and influence

基地选址分析 Base location analysis

功能分区 Functional partition

过境道路 Transit roads

作品名称："漫步"江滨景观规划设计
作者：李慧春

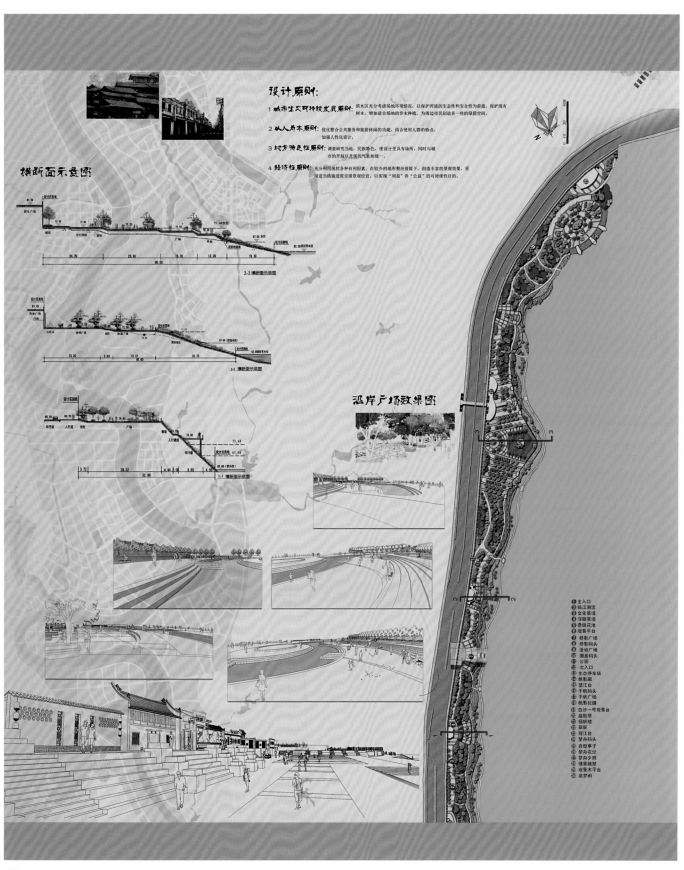

作品名称：石情——SCREAM 城市雕塑公园规划设计
作者：沈渝德　张倩　王玉龙　田林

石情 城市雕塑公园规划设计
SCULPTURE PARK

次入口

游客休息区
恶魔的盛宴 餐饮空间
商业店铺
游客休息区
BOOK&CAFE 休闲咖啡书吧
雕塑景观山体
怡然小境 中心景观区
美食客栈 餐饮街区
雕塑景观小品
魔幻世界 岩洞博物馆
游客休息区
树屋
水怪出没 亲水区
商业店铺

叠水景观

石廊
石头的故事 中心石景互动区
游客休息区
入口广场

公园主入口

CHONGQING

石廊

石廊

设计说明：

本方案设计将打破固有的既定思维，将雕塑很好的融入到人们所在的环境中，即人们在园区内所走的每一步都是对雕塑的进一步理解和探析，同时也是一种参与和互动。园区内的雕塑实际上是以一种静态的方式与人进行的一种互动。它的存在就是一种活力和生机的象征，雕塑不仅仅是只可远观不可触碰的物象，它们更是人们生活以及生存不可缺少的伙伴。

This design will break the established thinking, the sculpture well into the people's environment, that people in the park walk every step of the sculpture is the further understanding and analysis, but also a kind of participation and interaction. The sculpture park is actually in a static way and conducting an interactive, their existence is a kind of vigor and vitality of the symbol, sculpture is not only can watch do not touch the images, they are people's life as well as indispensable to the survival of partners.

分流小径导线

在周部会采用的小路交错式错布局，主要为一些安静场所提供的交通便捷，小路宽度通常在两米以内，分分散人群观赏游戏，蜿蜒曲折的小路布局合理，妙趣横生。

The interior has a main traffic lines, through the stream of people more distribution center, and runs through the park, several important landscape nodes, set a clear road, road spacious, available for more adult flow through.

发展步行路线

除主要的步行交通路线外，就是次要的步行路线，对园区过往雕塑游戏的人群全部多道过，道路设置灵活多变，快捷便利，时达同一目的地会有多种途径选择，既可以分散人流，又可以增加游戏的乐趣。

In addition to the main pedestrian traffic route, is secondary to the walking route, to the park play more detailed population through roads, flexible, fast and convenient, aiming at the same destination will have multiple paths to choose, can disperse the stream of people, but also increase the game fun.

集中人流路线

园区内部各一条主要交通枢纽，贯过人群较多的集散中心，并且宽穿园区几十演重要的集散节点，道路设置蜿蜒曲折，道路宽阔，可供较大人流内流通过。

In the local has the path for some quiet places with convenient traffic, road width, usually in the few meters, for dispersing crowds watch the play, the winding path through the layout is reasonable, be full of wit and humour.

石头的诱惑 主入口岩洞探险区

设计理念：

室外雕塑应该是人观赏的对象，传统雕塑往往强调雕塑对人在精神美感上的提升作用，但是我们需要用另一种方式来强调雕塑的公共性，即在雕塑周围活动的人，他们的生理与心理活动都构成雕塑作品有机的、不可或缺的一部分。入口处的岩洞探险区就是对设计理念的最好体现。

传统的室外雕塑通常是以一种静止不动的摆设作为人们欣赏的对象，在人们心里留下美的印象。但是，打破传统的审美意义，在公共雕塑的选择和创作方面应最大程度的了解受众在不同活动下的心理变化——功能性活动、准功能性活动、自发活动、社会性活动，人在从事这些活动时的心理状态和思考出发点是截然不同的。本方案设计力争打造的是一种"人在雕塑中走，将石头'软化'"的一种环境效果。

TICKET

DREAM FIGHTER

设计特色：

（1）城市生活性开放式公园

现代城市的情份与日方，早已厌系本就厌新无几的城市绿地情调色彩，在钢筋水泥的包裹下，越来越多的城市人感受到的不是都市的繁华热闹与现代气氛，反而使人们越来越冷的浮杂和生机，在这样一个复杂的环境中，营造一个让人们可以尽情休憩心的休闲放松多方面设计的构造，也是是最主要的一个作用。展生态公园多里的一种都市了情趣造出来的"大自然"景深城市中的小文化，这是一个面对社会各个年龄层，不同身份，不同年龄、不同职业、但同样感受美与乐、热爱新情况求人群所打造的城市生活性开放式公园

（2）保留原始地形地貌

本方案场场地选择位于中国重庆市，重庆是一个典型的山地城市。"山城"指有的地形地貌带了这个城市不可忽视的地貌呈分明的身影，但是同样也带给了些许交通的不便，但是正是这样，原始的便利所千差性恰恰成为本方案的一个特点，在保存原有地形地貌基本不变的前提下，将着我们造的更加立体化，更互交系系统色由平面转化为三维立体，同时也更有利于雕塑造这种三维的空间艺术更好的发挥它的魅力。

（3）人与雕塑互动活动

将旧雕塑设计部分还会对雕塑的应用与创作，园区内雕塑作品随处可见，甚至可以这是每一处都是一种雕塑形式，设计中它将雕塑转化为一个个不同的空间，或者说将雕塑作品融入文化、人们在行走的同时也就可以了解雕塑造出雕塑中生动、花丛、灌丛，甚至建筑、设计的特殊点就在于将雕塑与人类活动联系起来，从着品的视觉探查更深层次的心理激励动心人与雕塑环境息息相关的一定的互动。

（4）原生态环保材料

园区内雕塑的素材都采用原生态的素材，早可减少的使用钢筋混凝土结构，而是根据相起的地貌采集原生态的素材，不一浪费过程到解手段了一个一起大的原环境，但就这么石材、草木、青苔等，让每一处都是一个立体的雕塑作品，并无任何突兀之感，石头也使石作为雕塑最的素材，石头原本原生态就能够发挥将它带给人们一种怡然自得之感，道造出的...人...

作品名称："中华恐龙园"库克苏克区方案手绘（设计表现）
作者：岑起东 宋辉

方案彩稿
EFFECT PLAN

恐龙 峡谷 军营
DINOSAUR Ⓐ CANYON Ⓐ BARRACKS

常州恐龙园是国内唯一以恐龙为主题的公园，迄今已有十年历史。此次新开辟"库克苏克"峡谷区的设计，旨在再现侏罗纪时代的峡谷地貌及想象的恐龙帝国文明，打造更为地道的恐龙主题公园。

在库克苏克峡谷区的设计中我们力图解决以下两个课题：
　如何从主题视觉上完美再现侏罗纪时代的场景？
我们将此峡谷区定义为恐龙王国军队的驻扎与训练地（人文），并将物理空间（景观）根据侏罗纪时代的峡谷场景分为湿谷和旱谷去演绎。
　如何将公园增设的游乐设备及配套功能空间完美地植入其中？
我们在此尝试打破传统主题公园中设备的独立性，而将设备与主题故事贯穿融合，演变为恐龙军队的训练器械。并将公园配套的商业服务空间与造景山体、恐龙军队驻扎与训练的功能用房缝合在一起，使整个主题故事更加真实。

重返 侏罗纪 BACK TO THE JURASSIC TIMES

作品名称：舟山游乐广场设计方案
作者：尹航 姜民 李科

舟山游乐广场设计方案

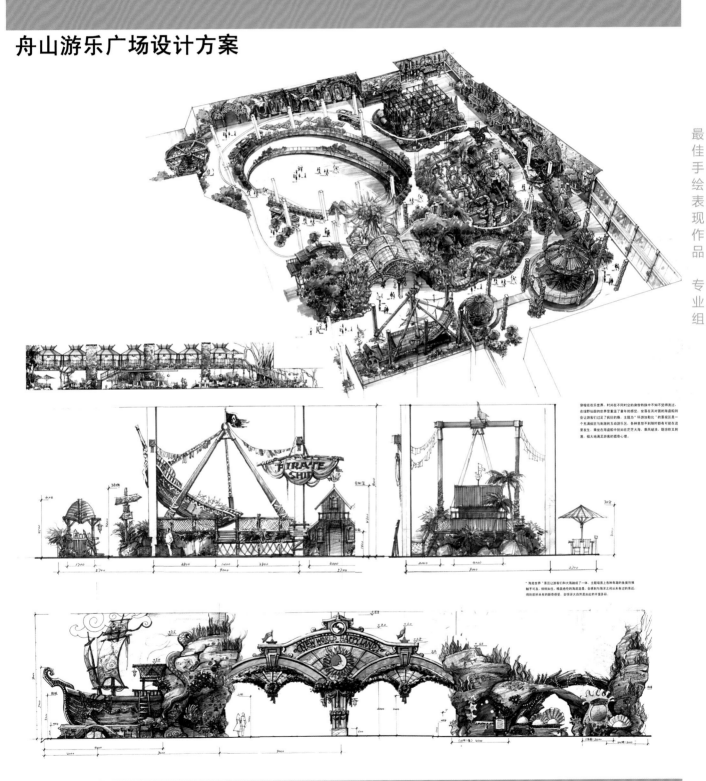

最佳手绘表现作品 专业组

作品名称：我乐园室内外游乐场规划与设计
作者：李博男

我樂園

室外游樂場鳥瞰圖

室内外游樂場規劃與設計

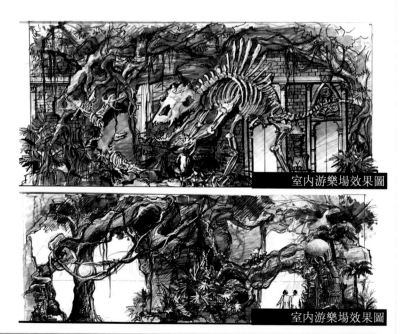

室内游樂場效果圖

室内游樂場效果圖

作品名称：阿拉丁主题乐园
作者：胡航　吴茂雨　冉江雪　田健男

ALADDIN

阿拉丁主题乐园 景观规划设计

设计理念 DESIGN INSPIRATION

在堡垒城堡建筑中，我们以神秘的中东文化为主题，以伊斯兰建筑为主要表现形式，以局部复原再现历史场景和风俗习惯方式，有机融合中东风情，波斯特色属性设计包含文化休闲、生态休闲、游乐休闲三大体系的综合游览体验地。

IN THE RESTORATION OF THE CASTLE BUILDING, OUR MYSTERIOUS MIDDLE EAST CULTURE AS THE THEME, WITH ISLAMIC ARCHITECTURE AS THE MAIN FORM, WITH PARTIAL RESTORATION HISTORICAL SCENES AND CUSTOMS, THE ORGANIC INTEGRATION OF THE MIDDLE EAST, THE PERSIAN FEATURE PLANNING DESIGN INCLUDES LEISURE CULTURE, ECOLOGICAL LEISURE, RECREATION AND LEISURE THREE SYSTEM AND COMPREHENSIVE TOUR EXPERIENCE AREA.

6、游客休息中心
VISITORS RESTING CENTER

主题乐园．总平面图 ▲
多功能空间的融合，从中东城堡的特征，以及文化当中提取精髓，将不同的提取内容放在一个场景中，让游人们在同一游乐场中保存各种不同的体验空间，游乐场的千变万化，为游人提供各种方式的的有了体验的内容

MULTI FUNCTION SPACE FUSION, FROM THE MIDDLE EAST AND CASTLE FEATURES, AS WELL AS CULTURE EXTRACTION ESSENCE, DIFFERENT FUNCTION IN A SCENE, LET VISITORS IN THE SAME PLAYGROUND OBTAINED IN VARIOUS DIFFERENT EXPERIENCE SPACE, PLAYGROUND INSIDE THE MYRIADS OF CHANGES, FOR VISITORS TO PROVIDE VARIOUS TYPE WITH CONTENT OF EXPERIENCE

3、阿拉丁滨水游乐区
由于此地形高差起伏，凹凸起伏，在这里可以眺望开阔湛蓝海洋，所以在这里就要置了到阿丁滨水游乐区

BECAUSE OF THE TOPOGRAPHIC HEIGHT DIFFERENCE GROUPS AND COVER, AND HERE THERE CAN BE A VERY GOOD VIEW OF THE SEA, SO SET THERE IN THE COMM WATER FRONT RECREATION AREA

▼ 11、景观塔—阿拉丁滨水游乐区域想
矗立在滨海山顶的景观塔，是一个顶级俯瞰式的中世界，内含餐饮、休闲酒吧、咖啡馆等娱乐休闲，以及游乐等其他娱乐项目，满足游客不同类型的休闲需求

STANDING IN THE COASTAL MOUNTAIN LANDSCAPE TOWER, IS A TOP VIEW OF TYPE AIR CLUB, INSIDE THE RESTAURANT, BAR, CAFE AND OTHER ENTERTAINMENT PROJECTS, MEET THE NEEDS OF TOURISTS OF VARIOUS TYPES OF RECREATION DEMAND

12、阿拉伯风情街
多功能空间的融合，从中东城堡的特征，以及文化当中提取精髓，将不同的提取内容放在一个场中，让游人们在同一游乐场中保存各种不同体验空间，游乐场的不变万化，为游人提供各种方式的的有了体验的内容

ACCORDING TO THE DIVERSITY OF TOURISM, AT THE SAME TIME ACCORDING TO THE POSITION OF THE TERRAIN, SET UP ARABIA STREET, LET PEOPLE FEEL DIFFERENT CULTURAL CHARACTERISTICS, AND DIVERSE PEOPLE A DIFFERENT EXOTIC FEELING, SO THAT THE PEOPLE AT HOME WILL BE ABLE TO ENJOY THE PURE STYLE OF ARABIA.

9、美食街 ▼
来自阿拉伯的地道美食汇聚在这条街市，让游客休闲娱乐的同时又能品尝到地道的美味，不仅能让游客对阿拉伯独特的风味有好的印象，又不乏生活浓郁的感觉

FROM ARABIA AUTHENTIC FOOD GATHERED IN THE STREET, ALLOWING VISITORS TO THE ENTERTAINMENT AT THE SAME TIME TO TASTE DELICIOUS, NOT ONLY CAN LET VISITORS FEEL ARABIA'S UNIQUE STYLE, BUT ALSO TO THE THEME PARK HAS INCREASED VERY GOOD SELLING POINT

1、园区主入口设计 ▲
园区主入口景观设计，我们选择了一个大气得方案开切结合主题设置了一个阿拉丁灯神的形象，第一，能够给人一种眼前的视觉震撼第二，又不乏生活浓郁的感觉

THE MAIN PARK ENTRANCE LANDSCAPE DESIGN, WE CHOOSE A ATMOSPHERIC AND CUTTING COMBINED WITH TOPIC SET A ALADDIN LIGHT IN THE IMAGE OF GOD, FIRST, CAN GIVE A PERSON A KIND OF SHOCK VISUAL EXPERIENCE SECOND, AND THERE IS NO LACK OF LIVE LIVELY FEELING

5、商业街 ▼
阿拉丁特色商业公园，具有着独的商业性和中东集市的观貌表，又融入中东元素和最初的建筑风貌

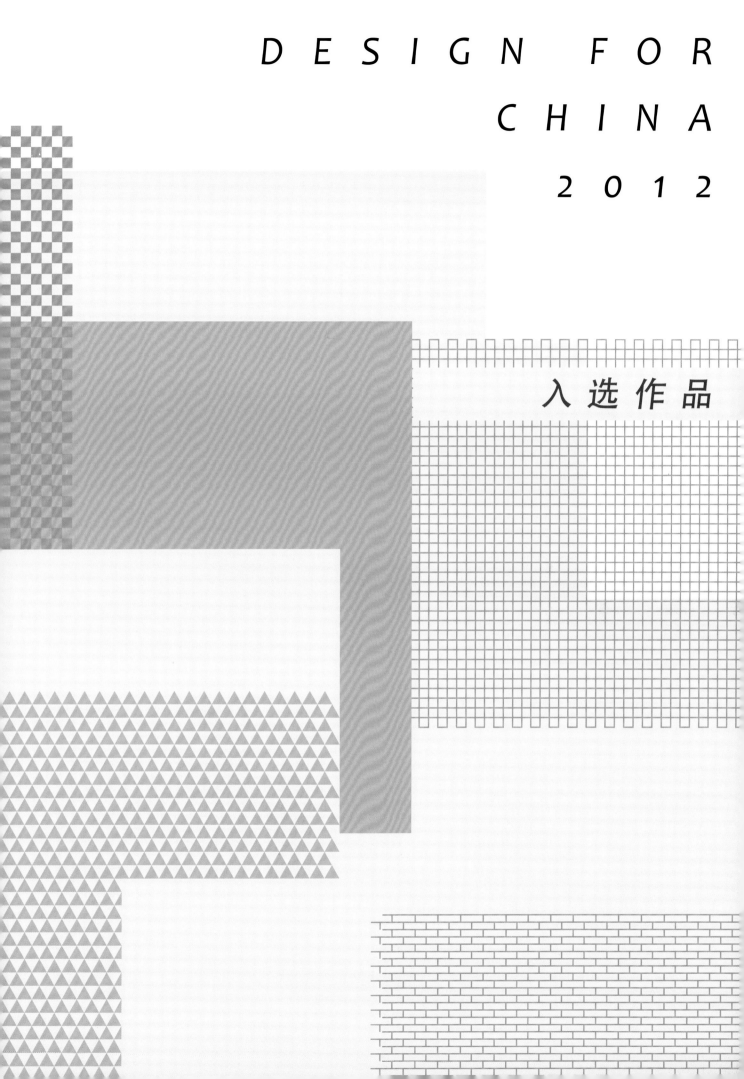

DESIGN FOR CHINA

2012

入选作品

作品名称：归巢——天津中信公园城公共艺术
作者：马浚诚

作品名称：原椅
作者：孔祥富

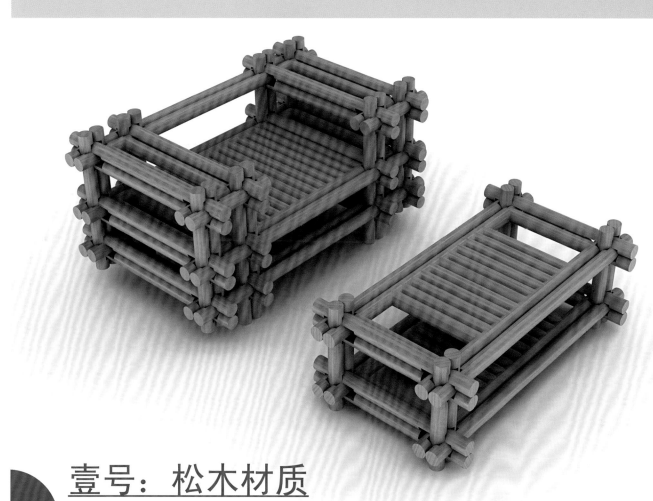

壹号：松木材质

贰号：纸管材质

入选作品 专业组

作品名称：熙龙湾
作者：李伦昌

作品名称：海赋御庭景观设计
作者：姜靖波

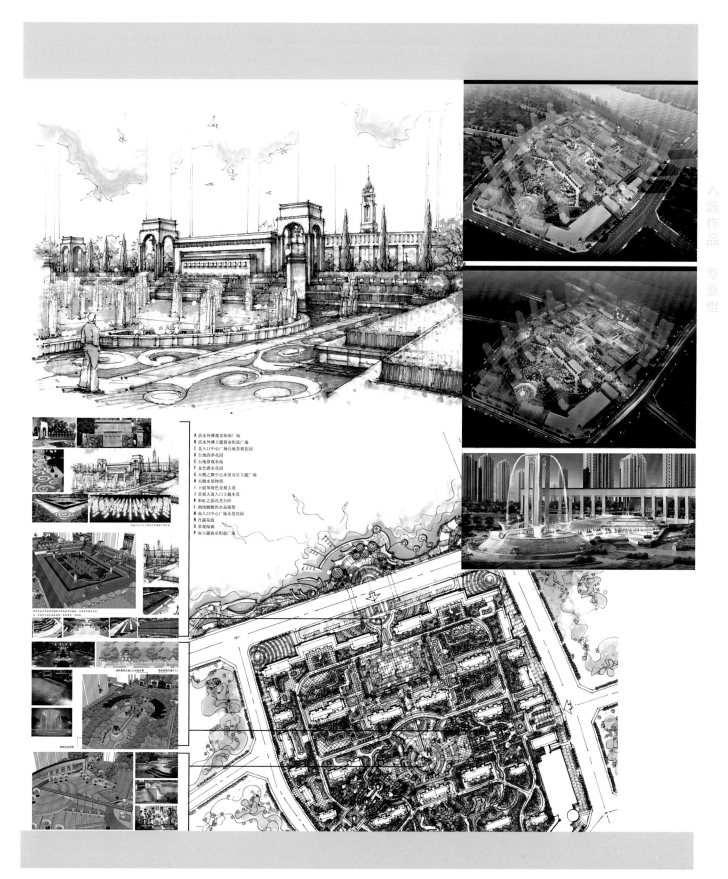

A 滨水外滩景观休闲广场
B 滨水外滩主题商业街前广场
C 北入口中心广场台地景观花园
D 台地四季花园
E 台地景观水池
F 金色叠水花园
G 天鹅之舞中心水景音乐主题广场
H 天鹅水景钟塔
I 小提琴绿色景观大道
J 景观大道入口主题水景
K 彩虹之霞花艺台阶
L 曲线蜿蜒的水晶廊架
M 南入口中心广场水景花园
N 丹露花庭
O 景观绿廊
P 南主题商业街前广场

作品名称：凯德置地御金沙临时售楼部建筑及室内设计
作者：彭征　Pizza

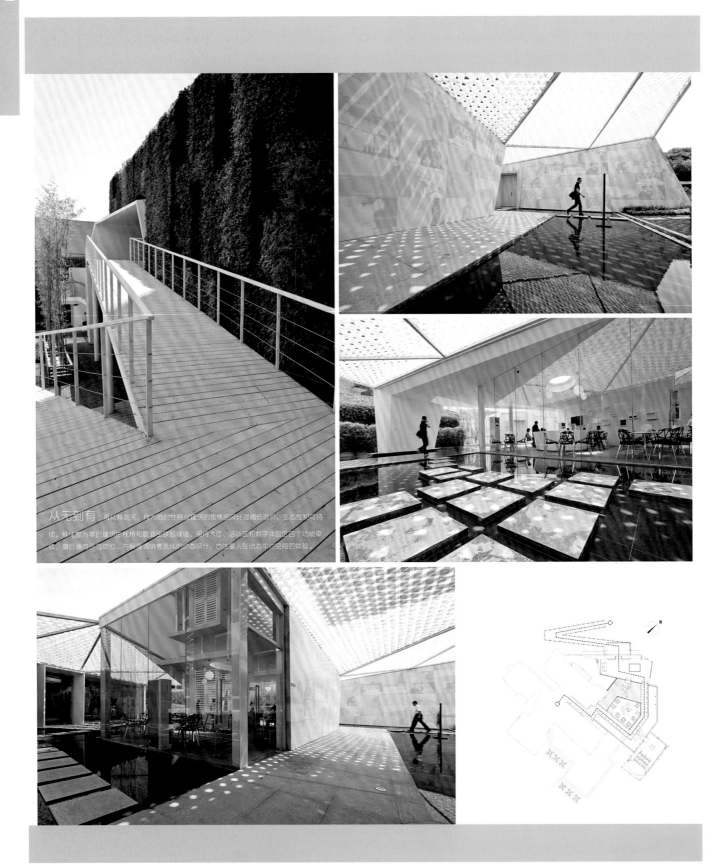

从无到有，再从有到无，作为临时性商业建筑的售楼部设计强调低造价、生态性和可持续。被化整为零的建筑由栈桥和回廊串联起绿墙、接待大厅、洽谈区和数字体验区四个功能单元，最后通向示范单位。方案强调销售流线的动态设计，也注重人在动态中对空间的体验。

作品名称：步入心灵的空间——广州市银河烈士陵园主体建筑与景观设计
作者：童小明 汤强 周淼 赵静玲

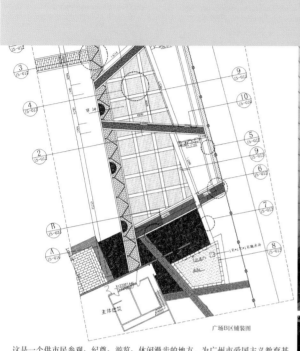

广场B区铺装图

雨道下的通道将主体建筑东西两个庭院连在一起

步道越过墙体延伸至后庭园

这是一个供市民参观、纪奠、游览、休闲漫步的地方，为广州市爱国主义教育基地之一，占地面积约3万平米，其中建筑3700平方，东面为烈士纪念馆，西面为业务办公楼，呈一字型环抱状面向广场。设计采用半覆土的方式，目的不在于建筑的标志性、突出的视觉特征，而意在与环境共生，相协调。

整个陵园以一条贯穿南北的中轴线将建筑、山体、广场串连起来，以台阶、通道、内庭以及与山体相连通的屋顶花园来消解建筑与广场和山体的边界，使建筑与环境融为一个整体。

步 入 心 灵 的 空 间

——广州市银河烈士陵园主体建筑与景观设计

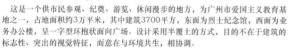

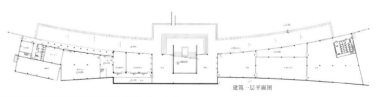

建筑一层平面图

作品名称：御水零三号
作者：童小明

御 水 零 三 号

本案位于广州市北郊，建筑面积370平方米，高层复式框架结构，北依王子山，南望六花岗水库，空气清新，虫鸣鸟语，异常幽静。

简洁、空灵、内敛、骨子里的中国情节是本设计追求的目标，无关主义和风格。空间形式在满足功能的基础上不作过多的处理，却又通过体现功能的窗扇、墙、柱、扶拦和天花来丰富空间的造型。色彩均以中国民居的白、灰系列为主基调，目的在于反衬木结构和家具的天然色泽。空间中不管是形态、材料、结构还是色彩和质感都与屋主的生活、经历、情感、需求相关联，并在空间中加入屋主一些个人生活的内容和价值，使一个物理性的空间有了情感的内涵并以此获得生命力。

作品名称：Life cheers 素食馆
作者：刘绍洋　包敏辰　李琼音　梁旭方

作品名称：阳光晶典售楼处
作者：刘雅正　吕目　田朋朋

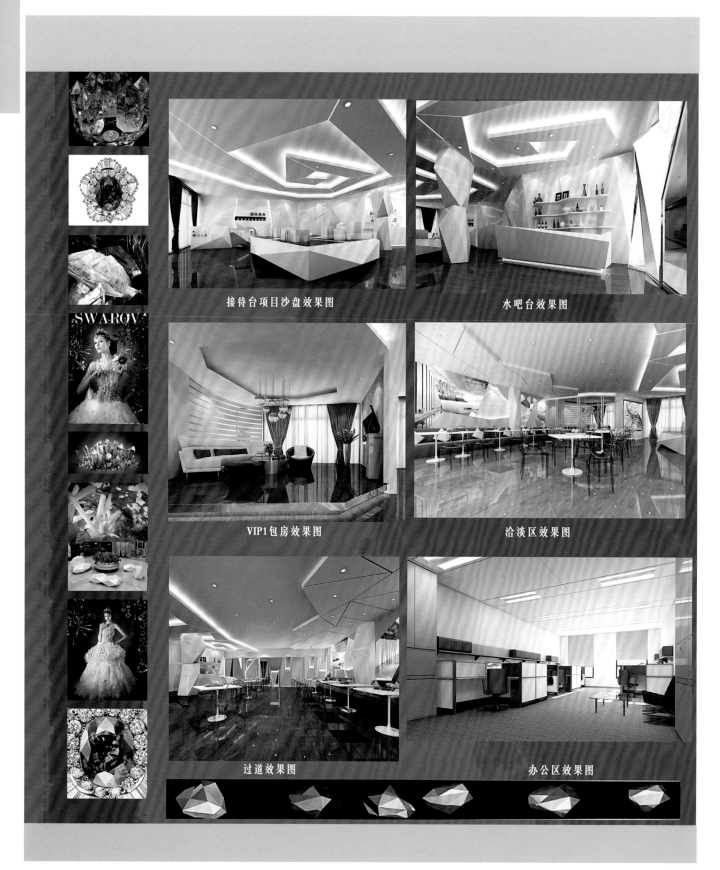

接待台项目沙盘效果图

水吧台效果图

VIP1包房效果图

洽淡区效果图

过道效果图

办公区效果图

作品名称：为草原而设计

作者：罗兰

单人间蒙古包内景

三人间蒙古包全景俯视图

二人间蒙古包内景

餐厅传统布局内景

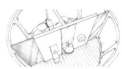

公用卫生间室内布局内景

蒙古包餐厅直径为6米，白天和餐厅布置。一种是传统布局餐厅：采用地毯餐桌，使用纯手工本色毛纺蒙古地毯和蒙式坐垫、蒙式矮桌。一种是新餐厅布局：内部装饰：墙面地毯、门窗、床具、吊具、植物等均为蒙古包。餐桌内采用了固定餐桌的椅子，上铺比色搭配家饰。

蒙古包门的地门采用蒙古拉花纹门窗，蒙古包的西北方向一幅在神位，中堂墙面贴挂优质鹿江帛连毯，中部包顶上的包顶和白色为装饰。此由于蒙古包内养殖物的相对光线，因此配置常绿、阔叶植物，白色资花的白色墙壁。

蒙古包卫生间主间内部装修：地面采用蒙古包内地面地砖，以便于排水，白色地面下方内暗沟，沿墙墙面上裱挂白色浅加白色蒙古拉花纹的防水帷幔，中部墙体和洗具采用白色亚克力制化，遮蔽内藏管线、水暗等设施，顶部的特制电热水暗，门具白色镜前灯、洗具门、坐便壁灯，与亚克力卫生洁具整体制化白装。

3. 保护草原、提高舒适度的设计

经调研，蒙古包自身采用木地板的，但需要工人装配的架空木地板则自的止装备内列。本设计提出了可拆装的架空木地板设想，采用榫卯结构优化架空结构，用皮绳结构与之配合，也沿用传统蒙古包结构中的底围与自身外表纹部分器，正成某工艺。木地板架空结构的木梁与木桩的内木地板根据一定组合方式以皮绳连结组化支撑整个蒙古包。木地板架自身孔的毛地板、防潮板、企口实木地板三层，以便满足皮绳连结，应具有在蒙古包制造工厂加工为便于装配的优品。

放置台上的传统蒙古包架木结构

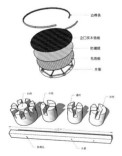

可拆装架木地板构件

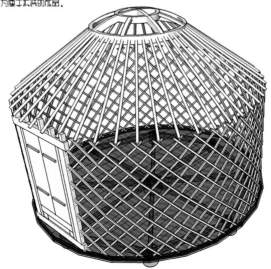

改良蒙古包的可便木装架木结构

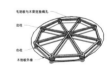

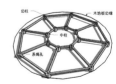

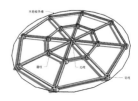

3.5–6米直径蒙古包架木地板支架

作品名称：麓山恋——永恒的岁月
作者：王兴

□ □ □ □ □ □ □ □ □ □ □ □

這座房子坐落在岳麓山上，遠離喧囂，

純淨的環境里，長滿了當地的植物，

映山紅、楓樹和其他充滿香氣的樹，

透過玻璃窗聞著花香，聽著林子里美

妙的聲音，坐在舊船木做的椅子上，

品一口香茗，感受這剎那的永恆。

作品名称：云顶'视'界
作者：郑杨辉

入选作品 专业组

作品名称：'回'四维陶瓷展厅设计方案
作者：郑杨辉

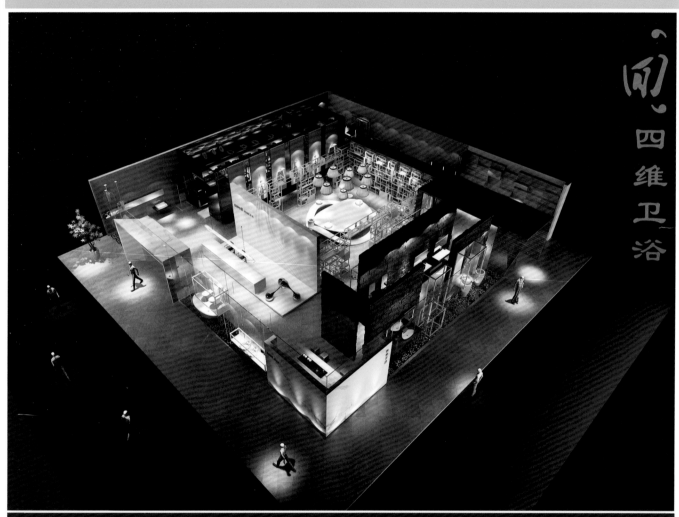

作品名称：农民工博物馆

作者：郑念军　王永斌　黄伟鸿　郑重　宋义扬　程冲　王钦明　于健

设计图纸
Design drawings
02

入选作品　专业组

作品名称：四合之城会所
作者：赵时珊　陈德胜　隋昊

COURTYARD OF THE CITY CLUB

四合之城会所

NATION IS THE WORLD

作品名称：红与褐交织的文化景观
作者：向东文

红与褐
交织的
文化景观
⑥

Red And Brown Interwoven Cultural Landscape

褐色文化景观

brown cultural landscape

1907—2012

华新水泥厂旧址篇

HuaXin Cement Plant Site

世界文化景观遗产

作品名称：网易杭州研发中心景观设计
作者：邵健　陈莺　张露　李金蔚　陈雁

项目概况：

网易杭州研发中心是集办公、研发、会议、成果发布等多元功能为一体的高科技产业园，建筑落底总面积约为1.8万平方米，景观设计面积约为3.8万平方米。设计时间2009.3-2009.12，2010.10竣工。整个园区布局结构由二幢鱼形的建筑围合成一个大型中央庭院和入口处北侧的一幢会议接待中心组合而成。

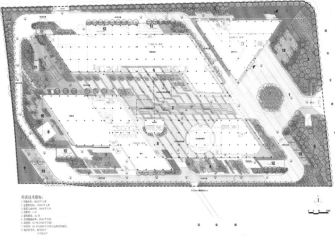

1. 入口神网广场（厂道）
2. 中央云天水景
3. 林园
4. 会场庭园
5. 架空院落观
6. 阳光长廊
7. 午茶庭园
8. 室外影场
9. 竹林
10. 健身庭园
11. 自行车车道
12. 汽车车道
13. 汽车车场

设计特色：

1. 品质空间：

通过对场地现状条件的深入分析，以及对研发人员的户外使用需求进行问卷调查的方式，结合风向和日照组织户外空间，并对空间的属性、围合方式逐一进行推敲，使高品质的环境空间成为激发他们灵感的媒介，促进交流与合作并最终呈现出能充分反映企业文化特征环境品质。

2."线"的诠释：

基于企业本身IT行业的鲜明特征——通过各种各样的电子线路来构造虚拟世界，设计通过来源于此的理解，从电子线路板中提炼出"线"的元素，由此作为基底平面的骨架和脉络，组织空间和植物种植，并与其硬朗的建筑风格相适应。这一设计语言使园区的景观视觉生了独特的结构和鲜明的特征。

作品名称：飘落在湖边的羽毛——四川省隆昌县古宇湖观鸟公园整体环境艺术设计
作者：重庆瑞地园林景观设计有限公司

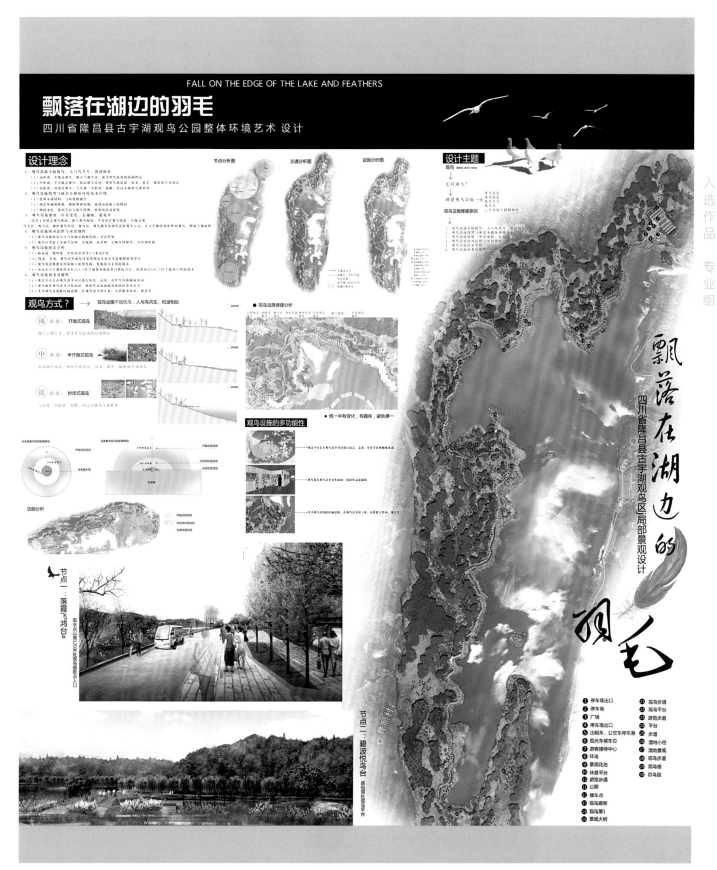

作品名称：成都杜甫草堂国际文化交流中心建筑方案设计
作者：王善祥

入选作品 专业组

二层平面图

地下层平面图

交通动线平面图

景观视野平面图

水景分布平面图

东立面效果图

工作模型

室内水院效果图

作品名称：上海石榴酒吧室内设计
作者：王善祥

用餐区一角

内外两个分区的通道

沿街外立面

外立面砖墙的做法

内部吧台，砖墙的不同做法

内部酒吧区一角

所用材质多数为不需要油漆的材料，安装后即可使用，减少了污染，视觉效果也最为原朴

作品名称：百年风云博物馆展示设计

作者：彭军　高颖　张品

矗立在天津市海河岸边的利顺德大饭店始建于1863年，至今已有147年的历史。是国内唯一荣膺“全国重点文物保护单位”和“中华老字号”两项桂冠、也是唯一拥有专属博物馆和游船码头的五星级酒店。

经历了一个多世纪的沧桑岁月，利顺德大饭店从诞生到辉煌，从变革到今日的发展，见证了近现代天津的历史，积淀了深厚的历史文化底蕴，既是天津近代史的见证与缩影，又是天津改革开放的窗口与前沿。

经国家文物局批准，利顺德大饭店在重新整修后开设了百年风云博物馆。

百年风云博物馆是中国目前唯一的酒店博物馆。

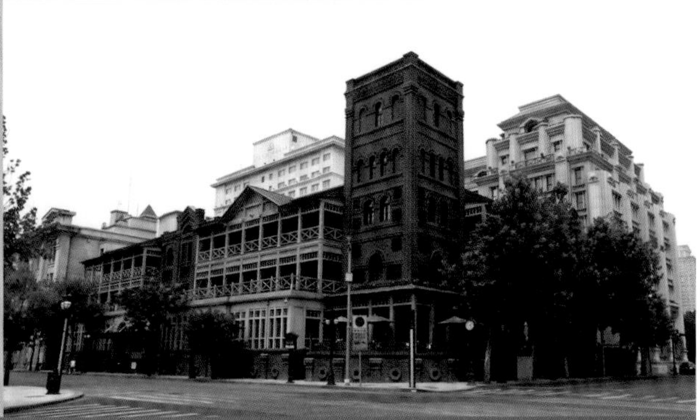

博物馆展示设计

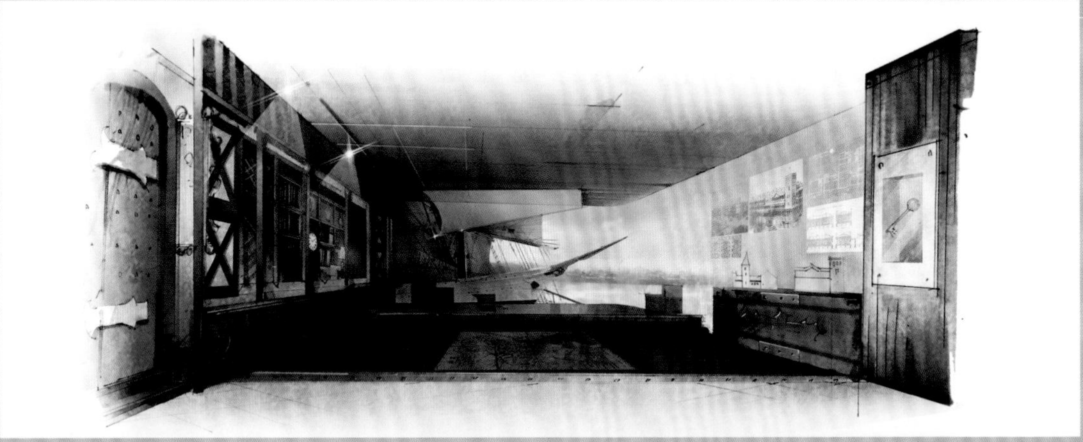

序厅——百年时空

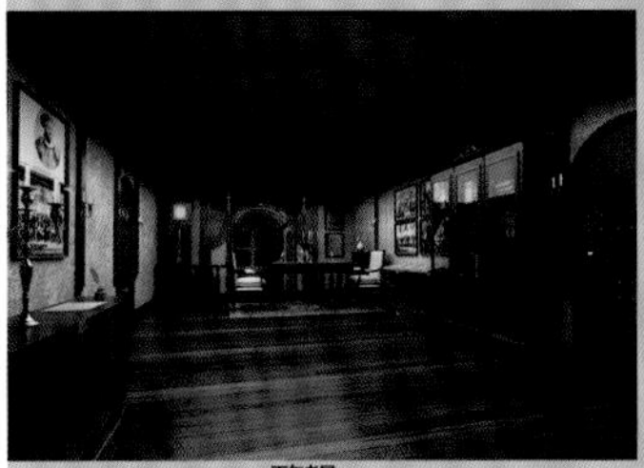

百年老屋

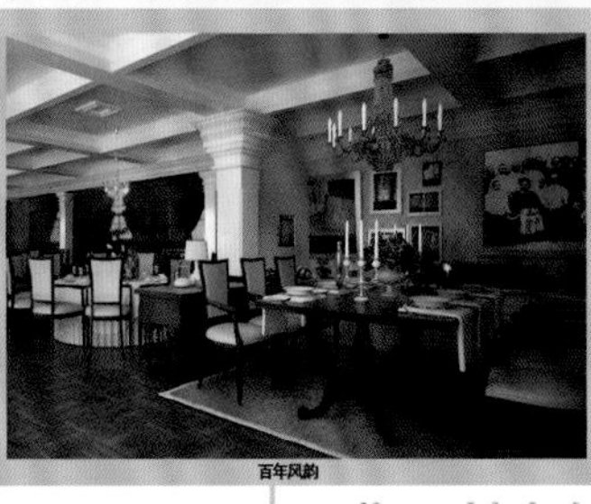

百年风韵

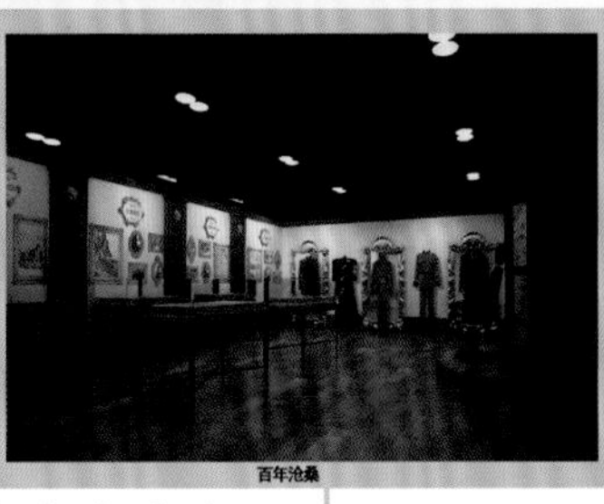

百年沧桑

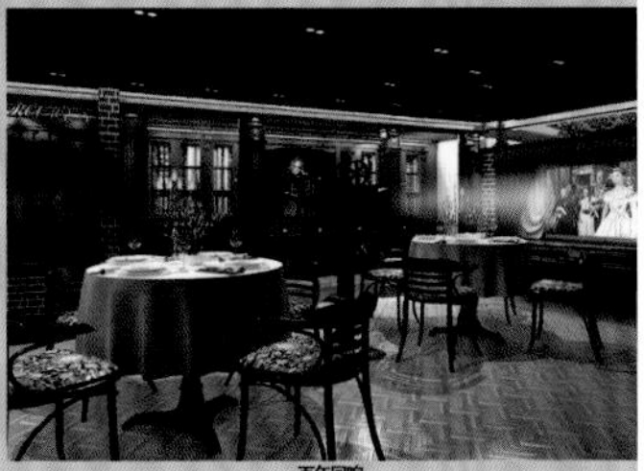

百年回响

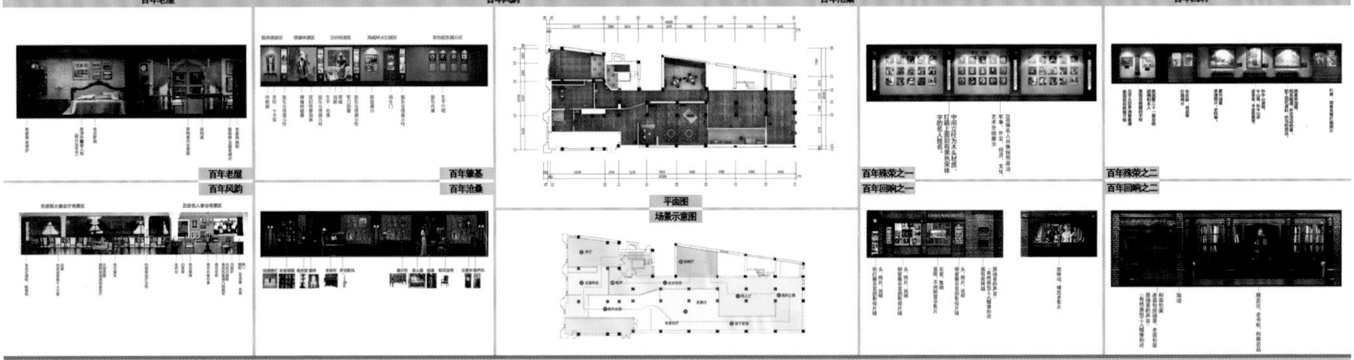

作品名称：木鱼石矿区景观再生性规划设计
作者：马品磊 李鑫 马艺峰

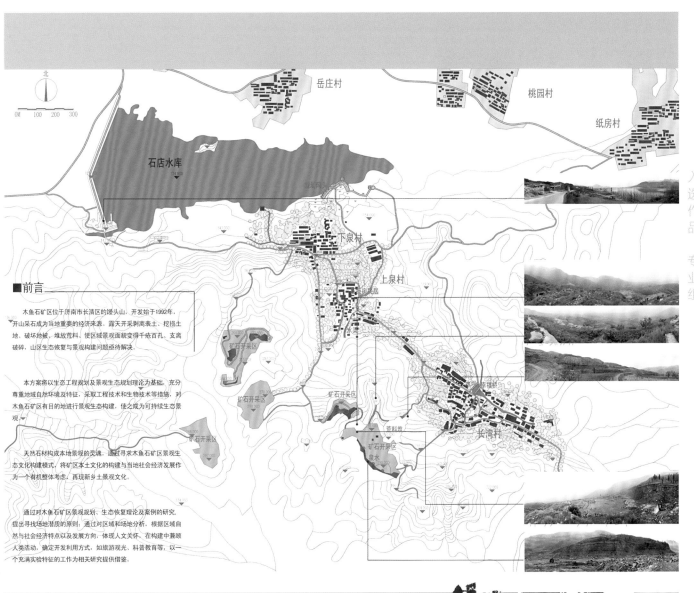

北

0M 100 200 300

岳庄村

桃园村

纸房村

石店水库

下泉村

上泉村

矿石开采区

矿石开采区

矿石开采区

长湾村

泉水

荒料堆

■前言

　　木鱼石矿区位于济南市长清区的馒头山，开发始于1992年，开山采石成为当地重要的经济来源。露天开采剥离表土、挖损土地、破坏地被，堆放荒料，使区域景观面貌变得千疮百孔、支离破碎，山区生态恢复与景观构建问题亟待解决。

　　本方案将以生态工程规划及景观生态规划理论为基础，充分尊重地域自然环境及特征，采取工程技术和生物技术等措施，对木鱼石矿区有目的地进行景观生态构建，使之成为可持续生态景观。

　　天然石材构成本地景观的灵魂，通过寻来木鱼石矿区景观生态文化构建模式，将矿区本土文化的构建与当地社会经济发展作为一个有机整体考虑，再现新乡土景观文化。

　　通过对木鱼石矿区景观规划、生态恢复理论及案例的研究，提出寻找场地潜质的原则；通过对区域和场地分析，根据区域自然与社会经济特点以及发展方向，体现人文关怀、在构建中兼顾人类活动，确定开发利用方式，如旅游观光、科普教育等，以一个充满实验特征的工作为相关研究提供借鉴。

木鱼石矿区景观再生性规划设计

矿山开发方式对比

作品名称：青藏行·设计日记——骑行者驿站概念设计
作者：何凡

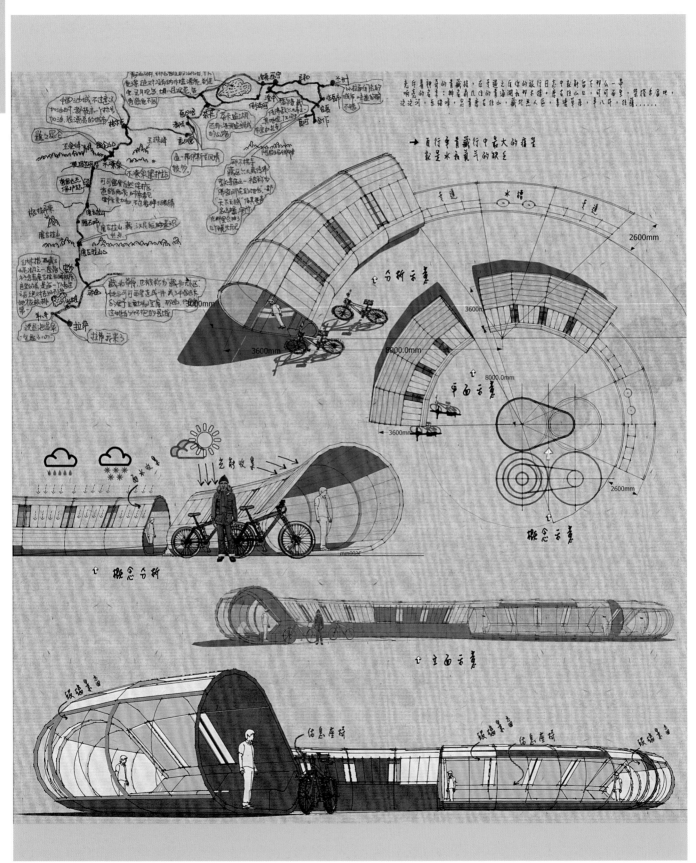

作品名称：工业景观设计——白云边工业园
作者：黄学军　吴红梅

建筑形式需对传统文化样式进行一个新的解读。整体设计强调传统文化，同时也要保持现代工业特征。

通过借鉴中国传统徽派民居的样式进行散点布局，从而形成民居村落式的组团，江南水乡的灰瓦白墙及造园手法运用到建筑外观和园林设计中，包括大型的厂房、车间及参观酒库。

现代的工业建造手段也要充分利用，大量的成品件的使用可以提高建造的效率，并能降低建造的成本。

礼堂与酒店

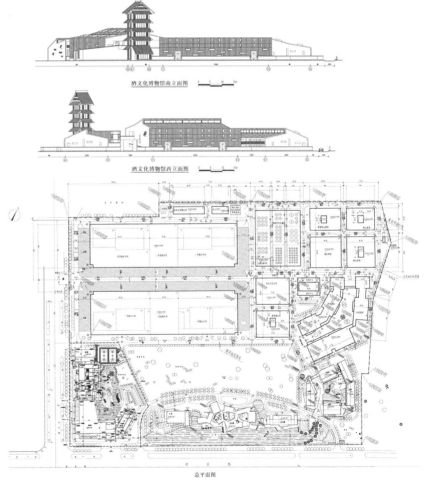

酒文化博物馆南立面图

酒文化博物馆西立面图

总平面图

入选作品　专业组

97

作品名称：工业建筑——武汉铁盾民防新厂区
作者：梁竞云

作品名称：工业景观设计——江汉石油四机厂技术中心及研发中心改造
作者：周稀

工业景观—

江汉石油四机厂技术中心及研发中心改造设计

2010-2012

保留原厂房的主体结构，通过环境与建筑的融合，体现厂区的地域文化
保留部分机械设备，使其体现厂区的企业文化、年轻性以及国际性。
强调内部空间的交错感与丰富感，通过内部垂直交通以及连廊的形式
增加厂房内部空间的传递。

入选作品　专业组

作品名称：旗袍名店方案设计
作者：尤洋　王晓萌　蔡淼

旗袍名店方案设计
QIPAOMINGDIAN FANGAN SHEJI

2

设计构思：

旗袍店正门借鉴了江南的粉墙黛瓦，并把江南小桥流水人家简化成几何形式，富有现代感。

门口的橱窗完全做成开放空间，打破了一般服装店橱窗封闭展示的状态。橱窗里只有一间充满爆发力正在扭动的朱红色旗袍以及一只现代的高跟鞋从纸状的雕塑中破纸冲出，寓意的旗袍店打破人们对传统旗袍的认识，希望旗袍能重新灿烂辉煌，走向经典。

设计元素：

中国元素，中国精神。
中国元素——凡是在中华民族融合、演化与发展过程中逐渐形成的、由中国人创造、传承、反应中国丽人文精神和民俗心理、具有中国特质的文化成果，都是中国元素。

旗袍店设计元素取自于代表中华文化的印染图案，青华瓷。在整体的氛围营造上选取了代表江南文化的白墙黑瓦。在画面颜色上大胆采用中国红，通过朴素的整体氛围与跳跃的衣服，构建之间的对比使画面洋溢着轻松时尚的氛围。

作品名称：书·韵

作者：李超

入选作品　专业组

作品名称：滟澜山别墅
作者：睿智匯设计公司

沿着千丝万缕石材定制的踏步拾级而上，步入二楼的区域是集客厅、中餐厨房、西餐厨房、餐厅空间为一体的开放式公共空间，主体区域为客厅，整个大空间通透开放；电视背景墙由橡木板材料制作的储物柜配合茶镜玻璃材质所组成，结合了装饰性与功能性双重特质，这也成为了此案主流风格的体现；客厅吊顶结构的处理延伸了视觉感，周围是宽度为5厘米黑色凹槽，这对施工精细度有着十分高的要求。

步入三楼，在主人卧室设计中，睿智匯设计师同样采用了纹理自然而清新的橡木板材与颇具现代感的茶镜材料拼接使用，用现代的表现手法将其诠释，展现出温和宁静的氛围，让人的心灵得以畅然的意境。

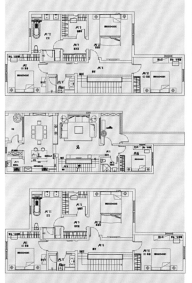

作品名称："外滩"系列户外一体椅

作者：周震

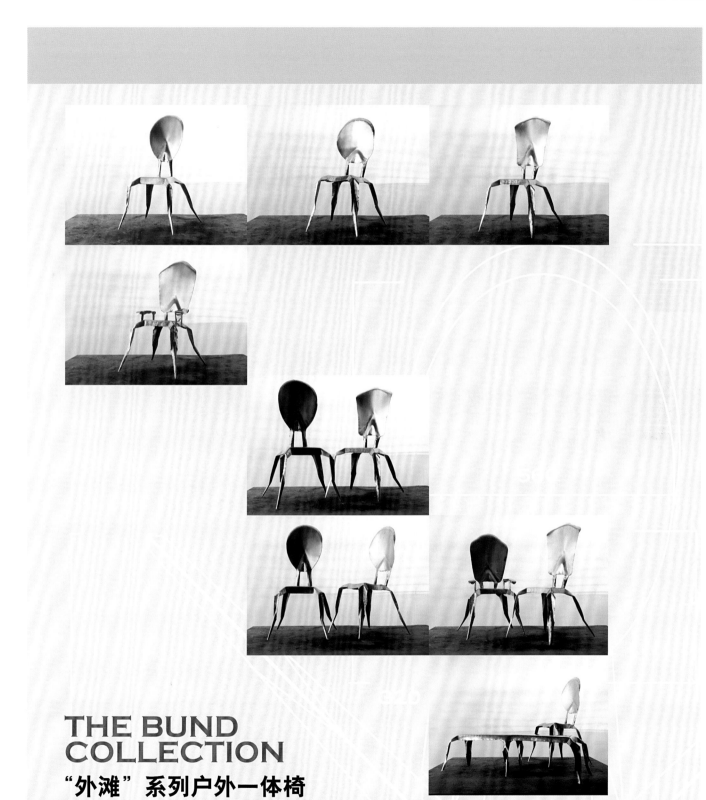

THE BUND
COLLECTION
"外滩" 系列户外一体椅
二

作品名称：兰博基尼汽车展示中心
作者：汤强

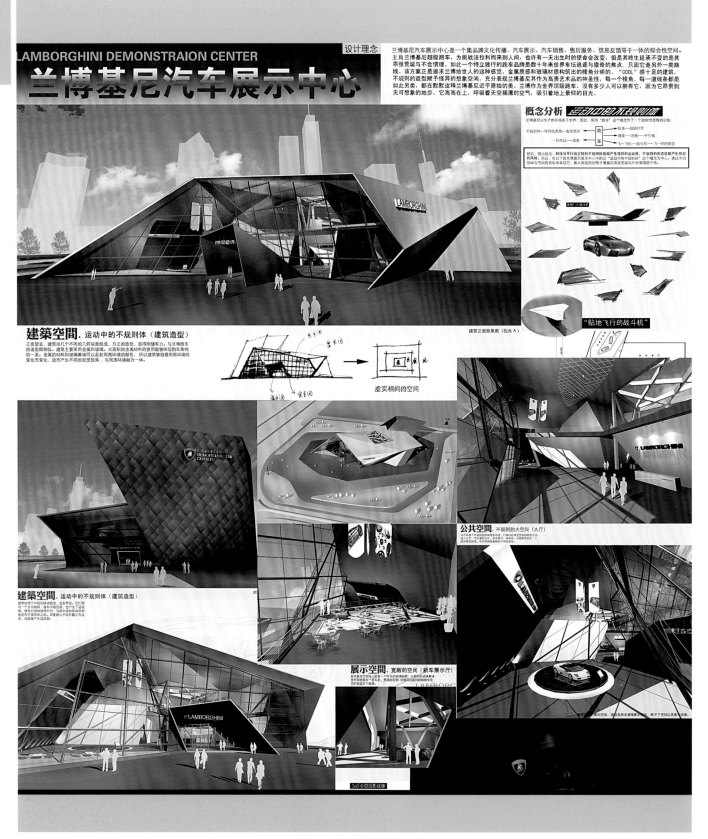

作品名称：大庆油田体育中心方案设计
作者：黄国涛

入选作品 专业组

作品名称：重庆秀泉映月温泉花园酒店
作者：徐保佳 徐嘉翔 徐佳黛

建成后实景效果

XIUQUANYINGYUE
HOT SPRING HOTEL

重庆市秀泉映月温泉花园酒店
景观设计初步方案

秀泉映月温泉假日酒店位于重庆市巴南区东泉镇，距离重庆市中心50余公里，这里山清水秀、气和风轻。酒店占地20余亩，青山环抱，古寺相邻，鸟语花香，五布河边林立者的豪华住所，或简洁、或典雅、或华贵，风格各异。酒店现有古典竹楼、温泉标间、滨江温泉标间、温泉单间等近100间。同时酒店内环境优雅，各项服务设施齐全：造型别致的接待中心；20余个突出温泉洗浴文化的室内外温泉泡池；可容纳100人的中餐厅；大小餐饮包房，商务型会议室及多功能娱乐厅，棋牌楼等一应俱全。

温泉日流量2000多吨，温泉水温常年保持高达52.5℃，泉水内富含氡、氟、锶、锌、锂等40多种矿物质，多项指标达到了有医疗价值热矿水标准，命名为含偏硅酸、偏硼酸、锶、氟、锶医疗热矿水，对人体具有显著的养生、医疗、美容、保健等功效。

D栋
日式和风温泉泡池

C栋
组合式温泉泡池

C栋
儿童温泉泡池

B栋
退台式温泉泡池

作品名称：忠义云阳——云阳张飞庙商业步行街规划及建筑设计
作者：韦爽真　陈一颖　廖伟

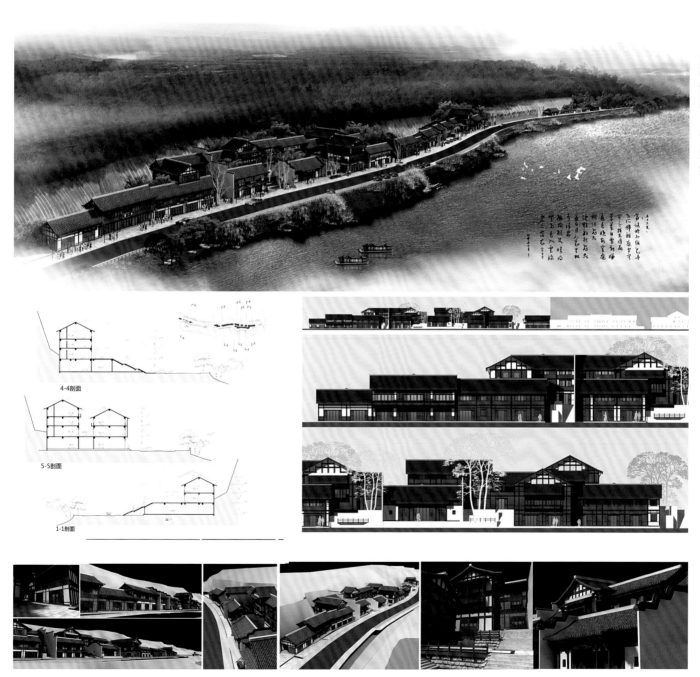

4-4剖面

5-5剖面

1-1剖面

作品名称：重庆南滨路双拥主题城市广场景观设计
作者：龙国跃　但婷　王玲　王童　段吉萍　黄一鸿

作品名称：锈记
作者：江南

锈记 Subway stop

入选作品 专业组

设计说明：

当人们以太过封闭的博物馆形式，去保留城市中一些工业遗产时，也许换一种思路，把它和正在建设中的现代化交通工具、地铁站结合起来，让我们以一种较轻松的心态去体验曾经工业时代所拥有的文明，或许更直接些……

地点：沈阳铁西区卫工街与北二路交汇处
理念：低碳、锈、记忆

作品名称：中餐厅设计
作者：鲁睿

作品名称：竹石光影
作者：徐曹明

多功能办公区

接待区

休闲区

会议室

过道2

楼梯间局部

入选作品 专业组

作品名称：陶艺之家

作者：刁晓峰　周先博　周宇晨　吴荔　张涵煦　江畅　王敏　石咏婷　龙国跃　曾强

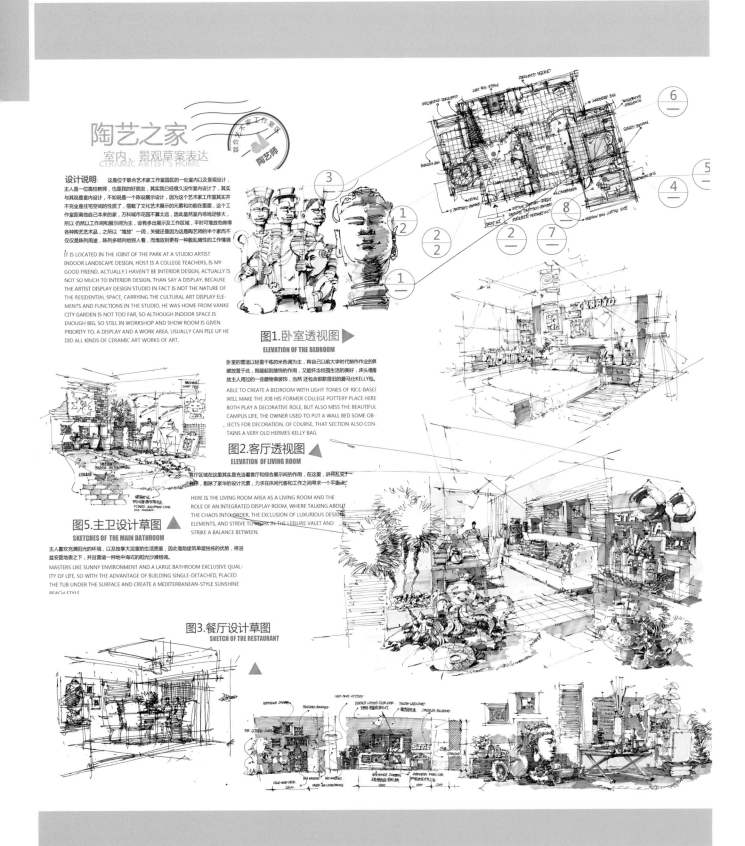

陶艺之家
室内、景观草案表达
CERAMIC ARTIST'S HOME

设计说明： 这是位于联合艺术家工作室园区的一处室内以及景观设计，主人是一位高校教师，也是我的好朋友，其实我已经很久没作室内设计了。其实与其说是室内设计，不如说是一种陈设展示设计，因为这个艺术家工作室其实并不完全是住宅空间的性质了，搭载了文化艺术展示的元素和功能在里面，这个工作室距离他自己本来的家，万科花园不算太远，因此虽然室内场地足够大，所以 仍然以工作间和展示间为主，设有多处展示及工作区域，平时堆放他做得各种陶艺艺术品，之所以"堆放"一词，关键还是因为这是陶艺师的半个家而不仅仅是陈列用途，陈列多倾向给别人看，而堆放则更有一种散乱属性的工作情调

IT IS LOCATED IN THE JOINT OF THE PARK AT A STUDIO ARTIST INDOOR LANDSCAPE DESIGN, HOST IS A COLLEGE TEACHERS, IS MY GOOD FRIEND, ACTUALLY I HAVEN'T BE INTERIOR DESIGN, ACTUALLY IS NOT SO MUCH TO INTERIOR DESIGN, THAN SAY A DISPLAY, BECAUSE THE ARTIST DISPLAY DESIGN STUDIO IN FACT IS NOT THE NATURE OF THE RESIDENTIAL SPACE, CARRYING THE CULTURAL ART DISPLAY ELEMENTS AND FUNCTIONS IN THE STUDIO, HE WAS HOME FROM VANKE CITY GARDEN IS NOT TOO FAR, SO ALTHOUGH INDOOR SPACE IS ENOUGH BIG, SO STILL IN WORKSHOP AND SHOW ROOM IS GIVEN PRIORITY TO, A DISPLAY AND A WORK AREA, USUALLY CAN PILE UP HE DID ALL KINDS OF CERAMIC ART WORKS OF ART,

图1.卧室透视图 ▶
ELEVATION OF THE BEDROOM

卧室的营造以轻盈干练的米色调为主，将自己以前大学时代制作作业的顶螺放置于此，既能起到装饰的作用，又能怀念校园生活的美好，床头墙壁放主人用过的一些器物做装饰，当然 还包含那款很旧的爱马仕KELLY包。

ABLE TO CREATE A BEDROOM WITH LIGHT TONES OF RICE-BASED WILL MAKE THE JOB HIS FORMER COLLEGE POTTERY PLACE HERE BOTH PLAY A DECORATIVE ROLE, BUT ALSO MISS THE BEAUTIFUL CAMPUS LIFE, THE OWNER USED TO PUT A WALL BED SOME OBJECTS FOR DECORATION, OF COURSE, THAT SECTION ALSO CONTAINS A VERY OLD HERMES KELLY BAG.

图2.客厅透视图 ▲
ELEVATION OF LIVING ROOM

客厅区域在这里其实是充当着客厅和综合展示间的作用，在这里，讲将乱变为秩序，删除了豪华的设计元素，力求在休闲待客和工作之间寻求一个平衡点

HERE IS THE LIVING ROOM AREA AS A LIVING ROOM AND THE ROLE OF AN INTEGRATED DISPLAY ROOM, WHERE TALKING ABOUT THE CHAOS INTO ORDER, THE EXCLUSION OF LUXURIOUS DESIGN ELEMENTS, AND STRIVE TO WORK IN THE LEISURE VALET AND STRIKE A BALANCE BETWEEN.

图5.主卫设计草图 ▲
SKETCHES OF THE MAIN BATHROOM

主人喜欢充满阳光的环境，以及拉享大浴室的生活质量，因此借助建筑单层独栋的优势，将浴盆安置地表之下，并且营造一种地中海式的阳光沙滩格调。

MASTERS LIKE SUNNY ENVIRONMENT AND A LARGE BATHROOM EXCLUSIVE QUALITY OF LIFE, SO WITH THE ADVANTAGE OF BUILDING SINGLE-DETACHED, PLACED THE TUB UNDER THE SURFACE AND CREATE A MEDITERRANEAN-STYLE SUNSHINE BEACH STYLE.

图3.餐厅设计草图
SKETCH OF THE RESTAURANT

作品名称：书眷——重庆财政学校校园景观设计
作者：刁晓峰　周先博　石咏婷　龙国跃　曾强

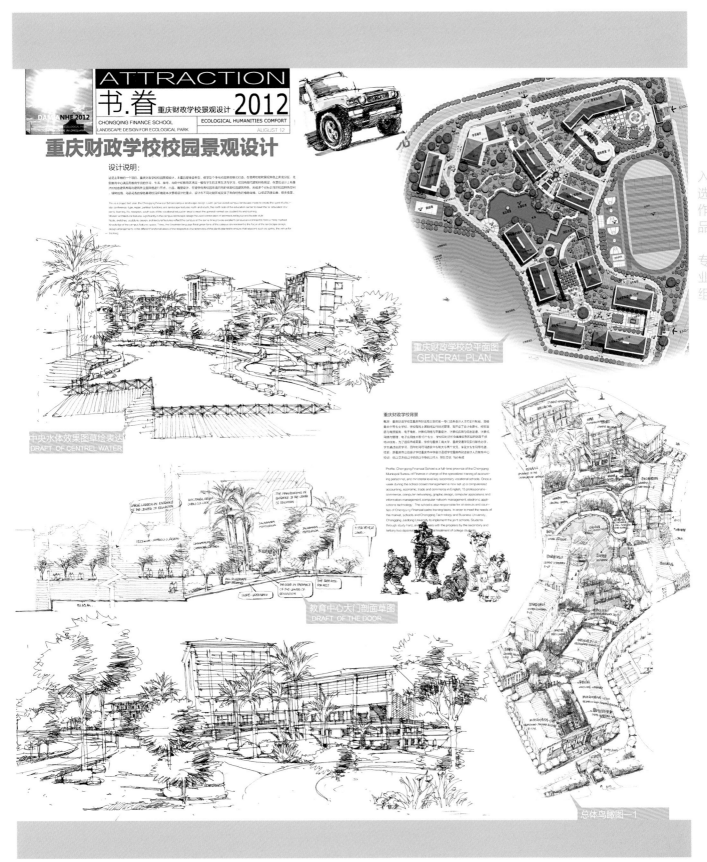

作品名称：山色·印象
作者：周宇晨　刁晓峰

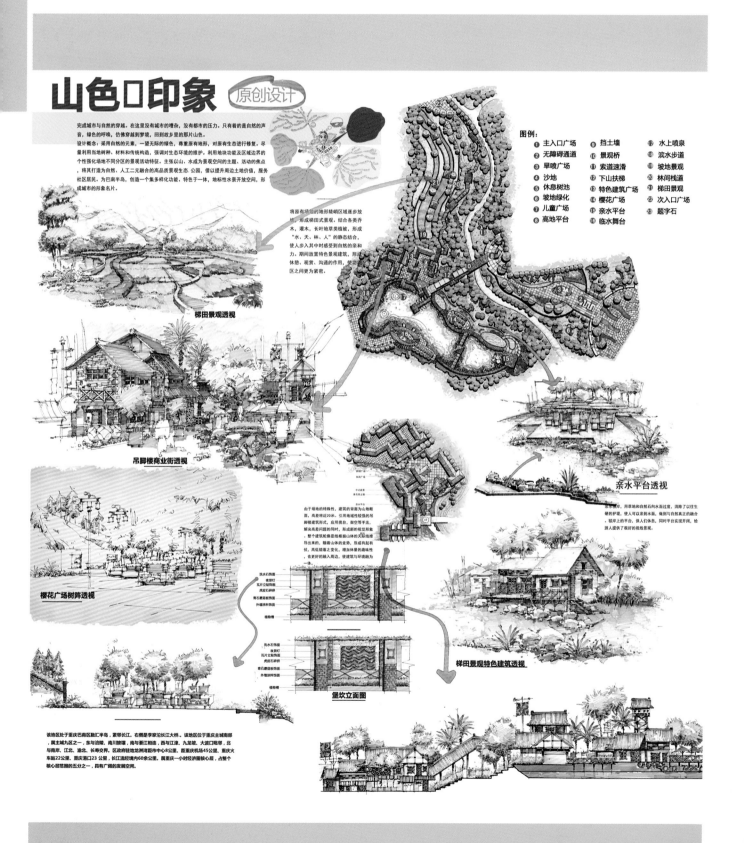

山色口印象 原创设计

完成城市与自然的穿越。在这里没有城市的嘈杂，没有都市的压力。只有着的是自然的声音，绿色的呼唤，仿佛穿越到梦境，回到故乡里的那片山色。

设计概念：采用自然的元素，一望无际的绿色，尊重原有地形，对原有生态进行修复。尽量利用当地树种、材料和传统构造，强调对生态环境的维护。利用地块功能及区域边界的个性强化场地不同分区的景观活动特征。主张以山、水成为景观空间的主题，活动的焦点，将其打造为自然、人工二元融合的高品质景观生态。公园，借以提升周边土地价值，服务社区居民。为巴南半岛，创造一个集多样化功能、特色于一体，地标性水景开放空间，形成城市的形象名片。

将原有场地的地形随峭区域逐渐放坡，形成梯田式景观，结合各类乔木、灌木，长叶地草类植被，形成"水、天、林、人"的静态结合，使人步入其中时感受到自然的亲和力。期间放置特色景观建筑，形成休憩、观赏、沟通的作用，使边区之间更为紧密。

图例：
① 主入口广场　　⑨ 挡土墙　　　　⑰ 水上喷泉
② 无障碍通道　　⑩ 景观桥　　　　⑱ 滨水步道
③ 旱喷广场　　　⑪ 索道速滑　　　⑲ 坡地景观
④ 沙地　　　　　⑫ 下山扶梯　　　⑳ 林间栈道
⑤ 休息树池　　　⑬ 特色建筑广场　㉑ 梯田景观
⑥ 坡地绿化　　　⑭ 樱花广场　　　㉒ 次入口广场
⑦ 儿童广场　　　⑮ 亲水平台　　　㉓ 题字石
⑧ 高地平台　　　⑯ 临水舞台

梯田景观透视

吊脚楼商业街透视

樱花广场树阵透视

亲水平台透视

亲水平台，用草地和自然石向水面过渡，消除了以往生硬的护坡，使人可以亲到水面，做到与自然真正的结合。轻松上的平台，供人的肢体，同时平台实现开敞，给游人提供了很好的视线景观。

由于场地的特殊性，建筑的背面为山地断面，高差将近20米。引用地域性较强的吊脚楼建筑形式，应用挑台，架空等手法，解决高差问题的同时，形成新的视觉形象。整个建筑檐廊是线根据山体的天际线指导出来的，随着山体的走势，形成高有起有伏，高低错落之变化，增加体量的趣味性，也更好的融入到地，使建筑与环境越为一体。

梯田景观特色建筑透视

堡坎立面图

洗水石饰面
壁脚灯
瓦片立垒饰面
虎皮石砖砌面
青石建筑饰面
外墙涂料饰面
植物墙

该地块处于重庆巴南区融汇半岛，紧邻长江。右侧是李家沱长江大桥。该地块位于重庆主城南部，属主城九区之一，东与涪陵、南川接壤，南与綦江相连，西与江津、九龙坡、大渡口相邻，北与南岸、江北、渝北、长寿交界。区政府驻地龙洲湾距市中心8公里、距重庆机场45公里，重庆火车站22公里、重庆港口23公里。长江流经境内60余公里，属重庆一小时经济圈核心层，占整个核心层范围的五分之一，具有广阔的发展空间。

作品名称：699 文化创意工厂主题景观装置
作者：陈向鸿　李扬　王懿清　张哲　陈文辉　黄晨

699文化创意工场，是由国营针织企业的大型厂房旧址改造而成的文化创意产业园，本案位于园区中央广场。主题造型是缝纫机头与凯旋门意象的同构。门柱由四百多余台各个年代针织企业曾经使用过的工业缝纫机头装置而成，门头上方选取具有强烈时代特征的宣传画转化为钢板切割的图案。整体装置彰显园区的历史文脉，将园区原有工业属性与现代文化创意属性融为一体。

入选作品　专业组

115

作品名称：生土别墅——陕西省三原县柏社村地坑窑洞改造设计
作者：刘琳

走观地坑窑洞，上下不便，是住窑洞人现在碰到的现实问题，生活方式的改变，使人们开始弃窑建房，窑洞的生命的延续只能从解决窑洞的现实问题着手。为了"为农民而设计"的梦想，亲身感受在场的问题：窑洞的通与透，使我们从空间设计角度思考的问题

响应
"为农民而设计"
的号召

作品名称：额尔古纳河右岸度假酒店设计
作者：韩军

蒙古大营

民俗建筑案例参考

主题道具

通过主题概念的两条线索分析不难得出：

（1）体现居住生活的主题道具：不同的建筑形式（蒙古族→蒙古包；俄罗斯民族→木格楞；鄂伦春、鄂温克→希愣柱）。

（2）体现生活环境的主题道具：森林（松树、桦树及相对应的艺术制品）、草原（草场）、河流湿地（马蹄岛及河道）、山石等；牛、马、鹿、羊（它们也是这里的主人）（皮毛饰品、用品、造型雕塑及艺术设计用品等）和花鸟。

（3）体现地域气候特点的主题道具：火炉、火盆（火对寒冷地区是温暖的心理反映，当然林区禁示明火，这里选用的是具仿真效果的，又有取暖功能的饰品设施）。

（4）充满民族文化生活情趣的细节道具：岩画、文字、民族图案、民族工艺品、生活用品等。

鄂温克部落

作品名称：中国梅山文化园
作者：陈飞虎

起承**转**合　CHAPTER 3

舊木重構
傳統工藝

转 有转换·转移之意。中國梅山文化園經過『起』的始點與『承』的過渡，『轉』入了園內的核心景點區。游客從森嚴壁壘的石棋寨門、高聳矗立的石柱圖騰，轉到了舊木重構的農家小院、油榨坊、風情街，這裏既能感受到梅山地區的平民文化，又能欣賞梅山峒國的山水風光。

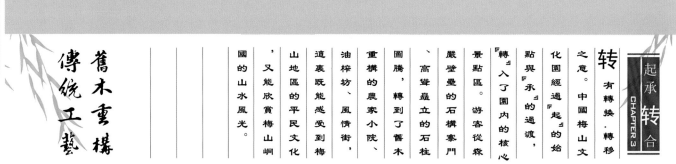

作品名称：烟雾山文化历史景观更新设计
作者：周雷　赵晶　邓艺杰　周兰兰

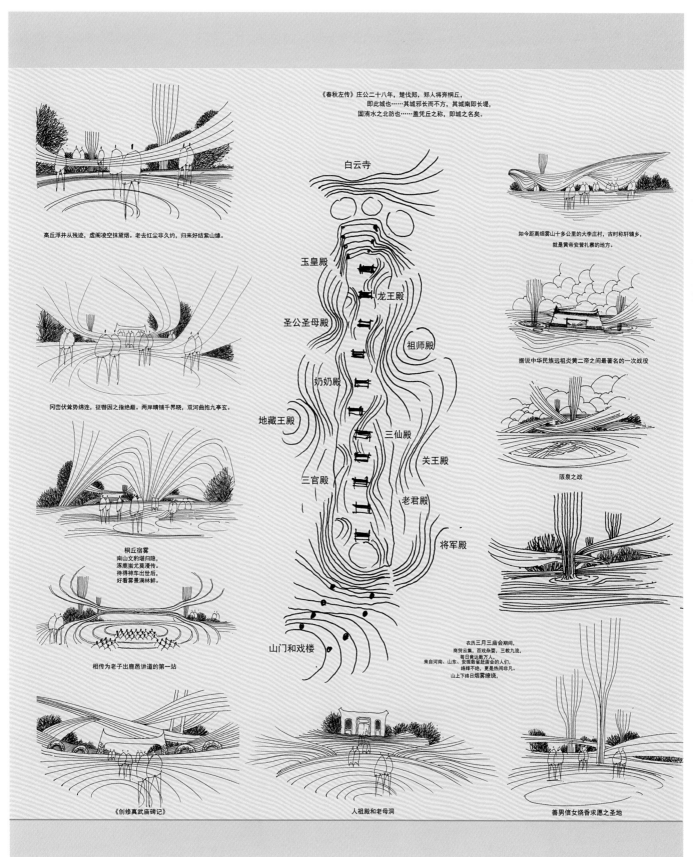

《春秋左传》庄公二十八年，楚伐郑，郑人将奔桐丘，
即此城也……其城邪长而不方，其城南即长堤，
固洧水之北防也……盖凭丘之称，即城之名矣。

白云寺

玉皇殿

龙王殿

圣公圣母殿

祖师殿

奶奶殿

地藏王殿

三仙殿

关王殿

三官殿

老君殿

将军殿

山门和戏楼

高丘浮井从残迹，虚阁凌空抹黛烟。老去红尘非久约，归来好结紫山缘。

冈峦伏笔势绵连，征辔因之指绝巅。两岸晴铺千界晓，双河曲抱九事玄。

桐丘宿雾
南山文豹归隐，
涿鹿蚩尤莫漫传。
待得神车出世后，
好看雾景满林鲜。

相传为老子出鹿邑讲道的第一站

《创修真武庙碑记》

人祖殿和老母洞

如今距离烟雾山十多公里的大李庄村，古时称轩辕乡，
就是黄帝安营扎寨的地方。

据说中华民族远祖炎黄二帝之间最著名的一次战役

阪泉之战

农历三月三庙会期间，
商贸云集，百戏杂耍，三教九流，
来自河南、山东、安徽数省赶庙会的人们，
络绎不绝，更是热闹非凡。
山上下终日烟雾缭绕，

善男信女烧香求愿之圣地

作品名称："园明"茶楼
作者：陈明　文仁树

设计说明：
　　设计从寻找江南园林空间与北方四合大院的交汇点开始，以室外空间的组织手法营建室内布局。选用砖、瓦、石、实木等传统建筑及装饰材料作为主材，环保低碳。借鉴传统砌筑工艺将现代设计手法与传统民居建造工艺相互融汇，形成独立语汇贯穿整个空间。
　　空间组织自然流动，身处室内却犹如穿行于街巷。墙面开窗、开洞不但可以最大限度的将自然光引入室内，同时促进不同空间的空气流通，自然舒适降低能耗。

1	旧青砖砌筑的建筑外立面
2-4	一层散座区，白沙墙、青砖漫地，老材料的回归
5	设计平面图
6	装饰木雕与砖墙自然融合
7	包间室内
8-10	二层散座区及包间通道，开窗、留洞的手法使得空间相互流通
11-12	散座区砖、瓦砌筑结合的背景墙，原生材料的组合
13	楼梯间砖、瓦、实木、白沙墙的共鸣

1	2	3
		4
	5	6
7	8 9	10
11	12	13

一层平面图

二层平面图

作品名称："陶趣"陶艺展示区设计
作者：陈明　文仁树

作品名称：宝林禅寺景观规划·设计
作者：黄建生

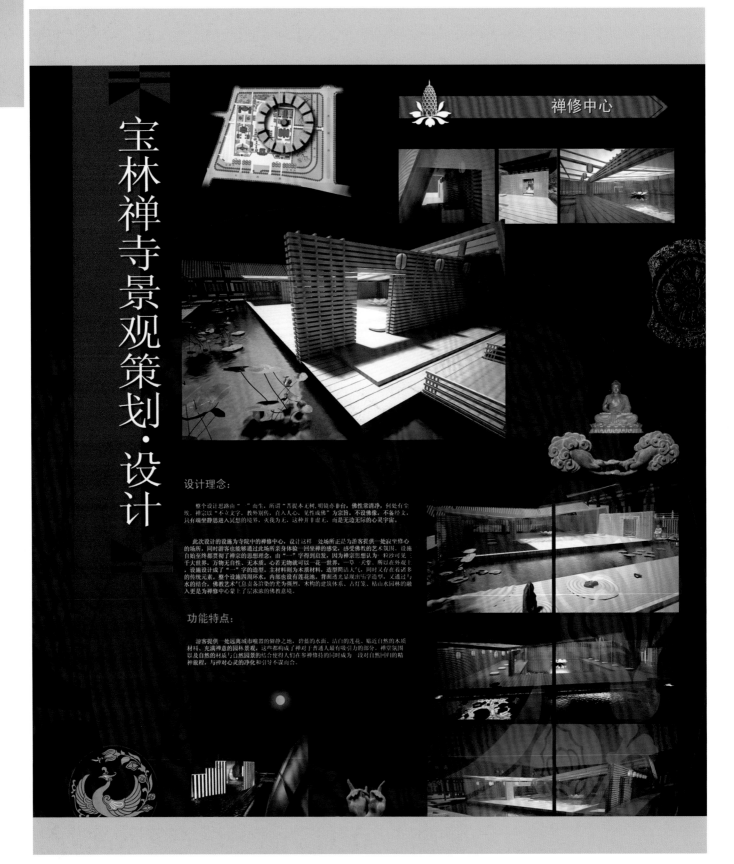

作品名称：让景观融入建筑：低碳之家

作者：俞孔坚

低碳之家

中国北京褐石园，2009

本项目位于北京西北的一个中高密度社区，中国北方气候条件比较恶劣，冬天寒冷，夜晚温度会低达-15C°，夏天炎热，白天温度高达38C°。二月至四月之间的强风还会产生沙尘暴，而全年总共610mm的降雨的绝大多数都集中在七月和八月。

正因为北京较恶劣的气候时间持续很长，两个主要卧室外的阳台得不到高效使用，但在寸土寸金的北京城，阳台总共30m²的面积也必须加以充分利用：一个改造成了蔬菜园，另一个设计为芳香园。简单的玻璃温室为植物提供了生长环境，也给住户带来了贯穿整年的生产活力。在阳台菜园内，业主可以在距离厨房数步之内采摘水果、香草和蔬菜，降低了食物运输过程中产生的大量能耗。在芳香园中，各种亚热带的芳香植物，例如茉莉、栀子花、桂花和白兰等等散发出了阵阵香气。设计的木格栅系统为攀爬类水果和蔬菜，例如豌豆和西葫芦等提供了空间。

阳台上的水池设计了汀步，木平台从卧室伸展出来与阳台花园连接，增加了水景的可达性。在起居室，苔藓满布的生态墙体提供了稳定的室内温度。一个格栅系统为从墙上蔓延出来葡萄藤提供了空间，也起到了一定的遮阴作用，降低了夏天的炎热。种植槽由生锈的钢板制成，这样既节省了空间，也通过这种现代元素的运用同传统的园林材质产生了强烈对比。种植槽呈台地式布置四周，以求植物能够充分接受阳光。台地状的种植槽底部预留了储水箱，用来储存从屋顶收集的雨水，这些雨水有灌溉植物和补充跌水之用。此外，房顶的两块太阳能板也为家里提供了使用的热水。

超覆室内的生态墙中当地的上水石瀑布，其俞孔坚水的⋯⋯和莎留塘流出的水体，同时上水石也提供给苔藓和草本植物以生长的环境，包成了一幅绿色独特的画布。

起覆室内的生态墙中当地的上水石瀑布，其俞孔坚水的⋯⋯水体，同时上水石也提供给苔藓和草本植物以生长的环境⋯⋯

⋯⋯生长的水果和蔬菜提供了空间

平面图 太阳能的运用、阳台花园的雨水收集系统以及室内的生态墙使得两套住房成为了生产性的生态系统。

作品名称：生态基础设施先行：武汉五里界生态城设计案例
作者：俞孔坚

用以水为主的生态基础设施构成城市的基本骨架。沿现存水系和地形构建生态基础设施，使雨水能够最大限度地保留在这片土地上，并得以净化。通过对不同的降水强度模拟来确定池塘和湿地系统的面积和类型，以便所有的雨水都能保留在原地并将新城市建设对区域内的影响降到最低。这不仅将减少地下排水管道的建造费用，同时还保护或创造了本土动植物和湿地植物生长的栖息地，比如莲花、茭白、荸荠、菱角和水芋等，它们同时具有生物生产的功能。

将公共空间与生态基础设施整合在一起。设计三种不同级别的绿色廊道或河道廊道：主廊道宽120到150米，它能够在强降水时吸收来自整个区域中的径流；次级廊道宽60到90米，它能够在中等强度降水时吸收来自分水岭支流的径流；三级廊道宽20到30米，可吸收小强度的降水。

设置人行道和自行车道网络，使这个城市完全适于步行，居民可在廊道中穿行并获得多种体验。当城市的区域间物质流动仍旧依赖交通系统和公路时，五里界新城内部的出行则基于生态基础设施内的步行和自行车网络。从五里界新城的任何角落到公交站点的最大步行距离仅600米，所有居民都能在五分钟内到达绿色网络。

生态基础设施决定土地价值和整个城市的形态。城市土地的价值由土地与生态基础设施的关系决定。在城市开发过程中，将对生态基础设施影响小的土地优先用于住宅开发。

新美学环境：利用生态、环保、低碳的景观与建筑设计，创造符合低碳和环保理念的新美学环境和崭新的生活方式。采用本土物种，创造低维护成本、繁殖力旺盛的绿色空间。在建筑物顶部设置屋顶花园，在墙面上覆盖绿色植物。退休的人们可以抽空在公寓或街道前面的池塘里钓鱼；工作的人们可以沿着生态网络走到工作场所；孩子们则可以当父母在社区花园里种植蔬菜的时候在肥沃的农田里玩耍。

三级绿廊

新城市鸟瞰图：城市以生态基础设施为骨架

穿越城市复合功能区域的二级绿廊

作品名称：国宾总部基地项目公共部分二次装修方案设计
作者：成都建工装饰设计有限公司

入选作品 专业组

作品名称：南京栖霞山崇光塔（舍利文化博物馆）方案概念设计
作者：谢璞

南京栖霞山重光塔概念方案设计

本案基于前期策划的概念创意特性，方案中的愿景和构想、分析和数据以及提出的概念思路仅供政府决策、立项作参考，并为后期的具体规划设计提供依据。一座栖霞山，承载着金陵的文化和历史，一座栖霞寺，肩负着南京作为历史上南佛都的传承和发展。南京栖霞山崇光塔设计概念来源于2010年6月12日（塔高61.2米），时逢我国第五个文化遗产日，南京古栖霞寺举行了南京大报恩寺佛顶骨舍利盛世重光法会，密藏千年的"舍利"圣物重光于世，供人瞻礼。

作品名称：洲际酒店一层酒吧室内设计概念方案
作者：曹烨

仿古新作的设计手法
明亮对比的颜色
设计语汇

设计主题——诗意·堂

空间主题界面

红飘带：优美的曲线自然地串联了室内外的各个空间界面，与地面的水带结合，强调了空间上的对比与呼应。象征中国的红色，金属镂空的质感，与灯光结合形成光影的黑白印象游戏，以云纹为基础提炼出简洁的图案形式。

玻璃隔墙：简洁的线条划有机的划分出了室内与室外空间。象征西方理性的思想，全透明的玻璃，形成无障碍的内眺景观，使室内外空间有效的呼应。

酒吧室内的整体风格定位

运用中国古代建筑元素——堂，运用"仿古新作"的设计手法，来重新诠释这一空间。酒吧区位于建筑的北面，外挑有一室外空间平台，对应"堂"的定义，相对内室而言，指建筑物前部对外敞开的部分，也是带动人流进入建筑物的另一次要入口。色调上体现中国古典的"雅致"。

浪漫的红飘带空间主题元素和地面的别致水景将延伸至酒吧的各个区域。

室外空间
由室内外的互动空间引出的室外平台，精致简洁的几何型布局，配以由传统元素提炼设计而成的室外家具，形成独特宁静的风格。

室内外的空间互动
室内外空间的连接：结合地面几何形的水元素及部分建筑外墙搭建局部水幕墙，与一层室外平台加局部植载形成景观空间格局，同时与室内的植载在装饰上形成呼应。

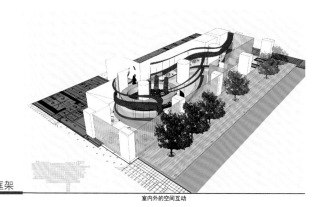
室内外的空间互动

3 互动空间概念框架
设计理念
效果

■ 浪漫红飘带
绿化区域
个性铺地
木平台
树形构架
特色景观树

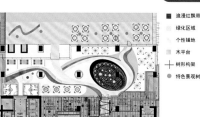
平面布局概念
室内外的空间互动

吧台
服务区
隔断小空间
室内外互动区

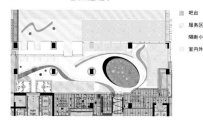
分区布局概念
室内外的空间互动

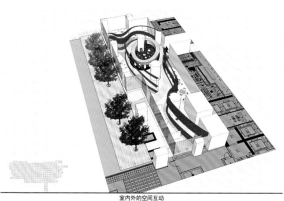
室内外的空间互动

入口效果图
浪漫的中国红飘带

室内外的空间互动

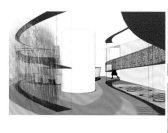
室内外的空间互动

作品名称：开光鼓凳
作者：王艳

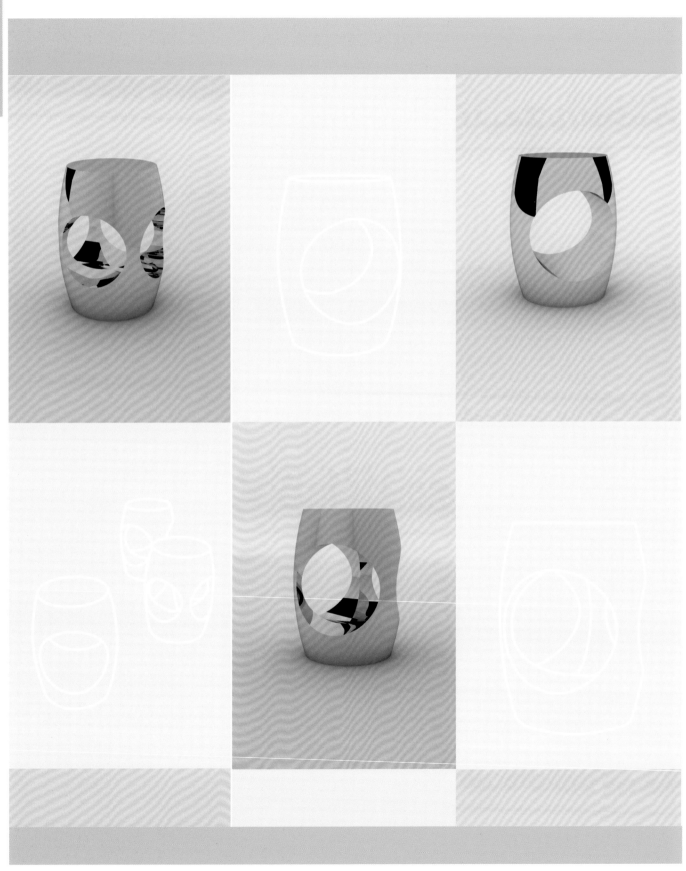

作品名称：梳背椅
作者：苑金章

梳背椅

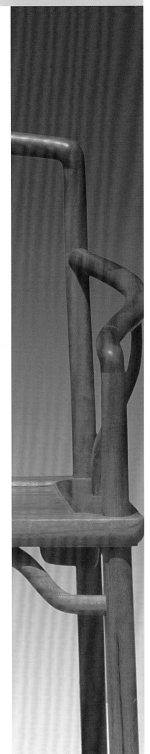

入选作品　专业组

作品名称：狮诚记　时尚餐厅世贸店
作者：王泽源　黄恩盛

作品名称："晶石探宝"
作者：朱力　裴梦楠

NO.1　　　　NO.2　　　　NO.3

NO.4　　　　NO.5　　　　NO.6

入选作品　专业组

作品名称：天津仁爱小学规划与建筑设计
作者：都红玉

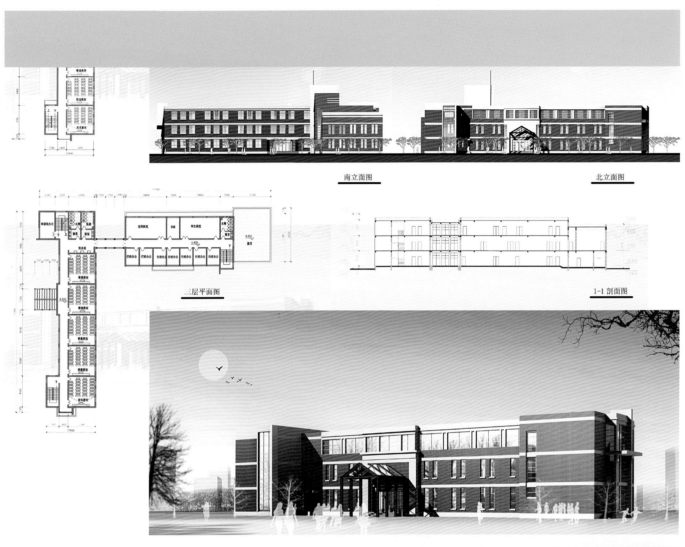

南立面图　　　　　北立面图

三层平面图　　　　　1-1剖面图

作品名称：龙江镇龙舟体验馆整体规划及景观设计

作者：熊时涛

龙舟体验馆

高尔夫会所

交通流线分析　　　　　　　展览展示分区　　　　　交通流线分析　　　　功能分区

景观节点及效果图

总建筑面积约为：6900 平方米
体验馆占地面积：5000 平方米
使用面积：5350 平方米
高尔夫球会所占地面积：1150 平方米
使用面积：1150 平方米
发球区配套设施占地面积：210 平方米
使用面积：350 平方米
发球区占地面积：600 平方米
使用面积：1200 平方米
（双层打位，总计40 打位）

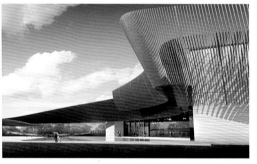

作品名称：串场河整体概念规划与景观设计
作者：李震

《串场河整体概念规划与景观设计》

江苏盐城 串场河

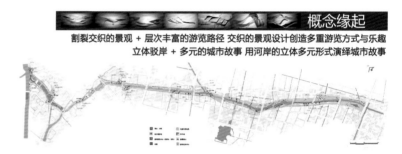

概念缘起

割裂交织的景观 + 层次丰富的游览路径 交织的景观设计创造多重游览方式与乐趣
立体驳岸 + 多元的城市故事 用河岸的立体多元形式演绎城市故事

生态记忆

工厂热电厂的改造

文脉记忆

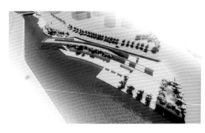

线性串场河 + 线性的盐城历史 用串场河线性空间演绎盐城记忆

生活记忆

地方记忆

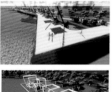

作品名称：编织吧凳
作者：高扬

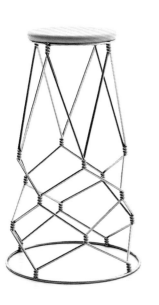 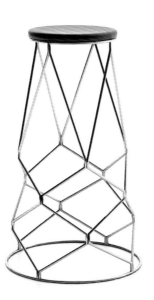  

  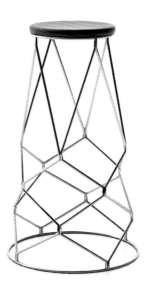 

入选作品 专业组

作品名称：无锡市轨道交通 1 号线工程
作者：陆雅萍　孔伟

作品名称：上饶龙潭湖国宾馆
作者：王剑

• 大堂区域

国宾馆

入选作品 专业组

作品名称：新建宝钢综合大楼项目
作者：李刚

作品名称：草木人香会馆室内设计
作者：林巧琴

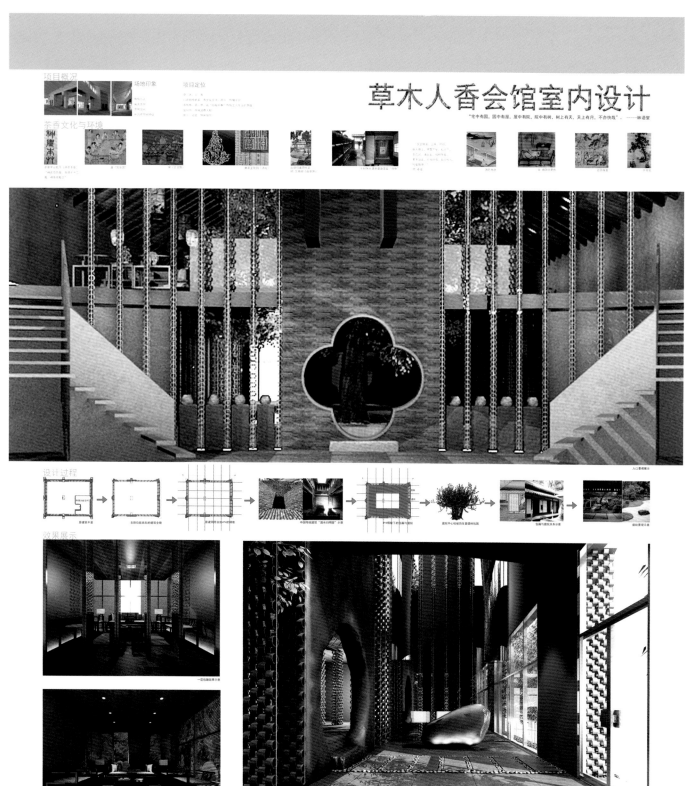

作品名称：莫莫健身会所室内设计
作者：汪杉　康念盛

莫莫健身会所项目位于榆林市，项目分三层楼总面积5000平方，内部功能齐全，包含器械区，动感单车，多功能舞蹈室，乒乓球，篮球，羽毛球等健身项目，还配套有儿童画室，儿童音乐室和水吧，简餐。丰富了当地文化娱乐健身的生活。

会所设计现代简约，突出表现运动时尚的主题，通过颜色和简洁的块面搭配，运动感的导视牌，空间虚实的对比，营造轻松休闲的健身环境。

作品名称：湖南里耶秦简博物馆展示工程
作者：方伦磊　何为　陈一鸣　武华安

入选作品　专业组

湖南里耶秦简博物馆是以秦代为历史背景，以简牍为设计主题元素的遗址性博物馆，通过"五个一"的展项提炼以及"入简"、"简中"和"出简"三部分的设计安排，使观众穿越时空，亲身感受一段大秦帝国的辉煌旅程。

序厅
展示方式简洁概括，用抽象的艺术手法把简牍从形式上提炼，以阵列排布的形式涵盖于整个空间中，通过一个由玻璃幕围合的时光隧道，配合多媒体投影技术，使大秦疆域图生动的展现，让观众对展馆的主题有一个初步的认识。

古城印象
秦城展厅 ——"入简"（一座古城　一口古井）
秦城展厅展示手法主要以一号古井中出土的36000片秦朝简牍与史实资料中所记载的古城布局与片段式场景，包括城门城墙，城内道路，官署建筑，驻兵营房，民居建筑，制陶作坊以及古井井亭，通过场景复原的设计手段，配合360°幻影成像技术，使观众穿越时空，置身于秦朝城池之中，成为一名大秦子民。

展项提炼：
一座古城，一口古井，一卷竹简，一部影片，一次体验

作品名称：潍柴动力新科技展馆及营销中心项目
作者：何为　方伦磊　陈一鸣

本建筑位于山东省潍坊市，潍柴动力厂区内部总建筑面积25214平方米，共有三层：一层是以展示空间为主，包括大型机械展厅、互动展厅、四维影像展厅和全球化信息控制中心；二层三层以办公会议为主，包括可容纳720人的两个集体办公区和可容纳1008人的会议区。

在建筑功能分析上，潍柴动力新科技展馆的建筑形式对外是展示潍柴文化理念的平台；对内是企业文化教育的基地。我们通过对项目的区位分析得出，建筑形式必须具有特点且给人以足够的印象。潍坊历史悠久，源远流长，潍柴的发展离不开潍坊，所以潍柴的企业形象建立要依靠潍坊深厚的文化底蕴。从这样的地理定位中我们提炼出潍坊代表性元素——风筝和剪纸。潍柴的企业特色要从各方面的细节来获取，我们从中提炼出潍柴代表性元素——机械核心。由发动机机械轴承演变成建筑形式，由传统风筝纹样演变为建筑外表皮。将这两者结合起来提取元素作为建筑的形式来源：风筝和剪纸元素与工业化的机械结构。

作品名称：拉萨次角林文成公主主题公园
作者：周炯焱　杨潇　叶汀桂

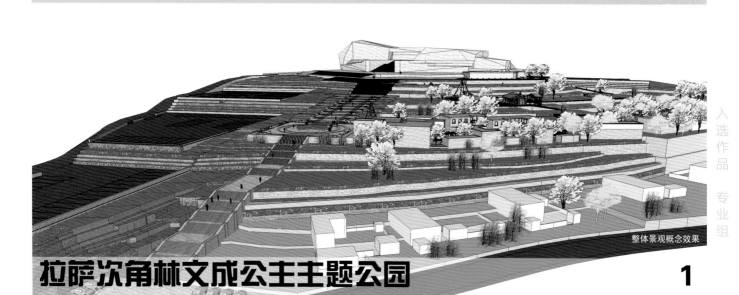

整体景观概念效果

拉萨次角林文成公主主题公园

1

设计背景

　　拉萨次角林文成公主主题公园是西藏文化旅游与艺术创意园重要组成部分，是核心区域之一，该区域位于园区的东北角，占地约300亩，由实景演出场地及文成公主主题纪念公园两部分构成，文成公主公园为演出场地延伸区域，既可满足人流分散，又可在广场上设立纪念雕塑景观、演出衍生产品销售区域，又是汉藏文化交融的大型文化体验场所。公园的设立也为演出场地建筑的地标性功能提供了展示场地。

　　该项目与拉萨市市区一河之隔，与布达拉宫相望，成为体现汉藏和美的重要性主题文化公园景观。

整体设计概念

大 美— 自然之美、文化之美、民族和美

区位概况

现场照片

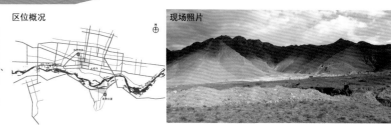

　　整体景观设计融合拉萨当地的耕地景观和林卡景观。以青稞和桃树等地方农作物和植物为主要的景观元素，演出场馆的设计业做到与基地自然的山石相结合，营造自然的大美景观。

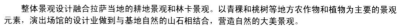

自然之美 林卡/耕地/植被　　　　　　**文化之美**　　　**民族和美**

总平图

整体景观概念效果

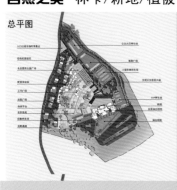

作品名称：派对汇 · 北京三里屯主题 KTV 室内设计
作者：林巧琴

派对汇 · 北京三里屯主题KTV室内设计

项目介绍

项目位于北京朝阳区三里屯商业区，为地上五层，地下一层的主题KTV娱乐城

消费定位

北京东郊北方力享乐消费人群，热爱对新与潮流的年轻人

经营理念

娱乐性
精神尚格、时代性
节日氛围、聚人气
凝财气

设计理念

轻松愉悦的氛围
美好的欢歌场景
撷取自然元素
制造欢乐

作品名称：大连市检察官培训中心
作者：姜民

入选作品 专业组

大连检察官培训中心位于美丽的渤海之湾，周边为大连市著名的旅游度假区，是一个美式的建筑群落，由一个主体建筑和几个别墅建筑构成，整个建筑与室内装修设计的风格均为美式风格，突显了其自在、随意的不羁生活方式，没有太多造作的修饰与约束，不经意中也成就了另外一种休闲式的浪漫。

作品名称：云南·九乡风景区大门及游客中心方案设计
作者：李卫兵

1、标志性：

大门及游客中心首先应能体现出独特的标志性，易于识别性——能充分代表九乡的自然风景、传统民族文化内涵，以及新时期九乡人全新的精神面貌，创造一种全新的标志性景观，使其如同神奇的九乡风景般能给人留下深刻印象。

2、"融"——民族性、地域性、文化性、现代性的融合：

大门及游客中心以彝族文化为构思源泉，主要彝族信仰的牛、虎这一传统文化进行抽取、提炼，运用新乡土建筑的现代建筑学的语言加以重构，将传统文化内涵融于现代建筑的构造、结构、表皮等，从而进行新的审慎创新，创造另人耳目一新的现代建筑。

3、"溶"——尊重自然环境、与环境整体契合

新建建筑应当以一种通透、轻盈、舒展的姿态与周围山体、树林相融合，成为一体，运用当地材料——木、毛石、卵石等，与周围环境形成同样的自然、清馨、质朴、粗犷、大气的整体氛围。

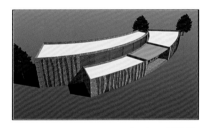

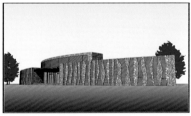

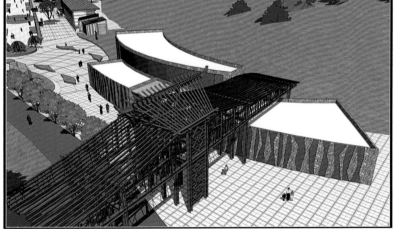

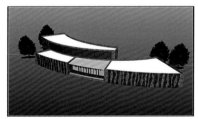

游客中心及大门透视效果图

游客中心局部透视图

作品名称：内蒙古·呼和浩特市环境共生住宅—— 城中村黑兰不塔村的再建提案
作者：李鹿

内蒙古·呼和浩特市环境共生住宅

—城中村黑兰不塔村的再建题案

内蒙古 呼和浩特

一．场地的分析

1. 社会·人文环境

近年，随着中国城市化的急速发展以及城市的扩大化，城市把农村包围起来、形成了中国特有的城中村现象。从而，城市与城中村之间产生了复杂的关系，同时，城中村的改造与再建也成为了现今城市发展的必然课题。

呼和浩特市作为内蒙古自治区的政治，经济的中心，城市的发展非常快。人口约240万人，市区的人口约150万人。总面积为17271km²，城市规划用地范围中共有65个（城中村），其中二环线以外有36个，面积为31.463 km²，建设用地为18.323 k m²。

2. 自然环境

呼和浩特的能源消费以季节为特征，主要表现为：春夏气候干燥、风大，有时伴有沙尘天气，夏季炎热，能源消耗较春夏略少；夏季多是集中，用于室内采暖的能源消耗量达到全年的77%左右。设计呼和浩特集合式住宅的有效的节能系统，就不得不从这些环境问题开始入手。

二. 黑兰不塔村的再规划

1. 从地域的防风考虑，特别是建设用地的冬季防风措施，呼和浩特地区和周边地区的传统住居分为两种：一是《板升》连续式住宅，二是窑洞的洞穴式住居。本方案延续了《板升》连续式住宅的防风防寒的方法，建筑有内庭，形成围合的造型。

冬季上倒面图

A．出租式·住宅区

商店街

广场

中庭园

B原住民、住宅区

幼儿园

3. 基本项目

主要用途：集合住宅、公共施设

住宅区面积：226896m²
占地面积：90464.82m²
建筑面积：70278.9 m²　住宅：59276.90㎡、公共施设

如商业施设：12000 ㎡）

层数：地下2层；地上最高7层
（3、4、5、6层）

最高高度：24.5m

住户：3000户
主要构造：RC构造，一部分5构造

通路

C高龄者、住宅区

高龄者活动中心

夏风上倒面图

场地中有住宅区，商业施设，医院，幼儿园等设施。

住宅区分3部分：

A租用住宅区　小商品贩卖及租用住宅是居住者的主要收入，也是解决未来居民居住问题的重要方法之一。

B住宅区住宅区　黑兰不塔村的再建，根据原有居民的生活方式进行居住空间的改善。

C高龄者住宅区　内蒙古在不久的将来要面对社会高龄化的老龄社。为了满足高龄者居住的增加，针对50-60多岁的消费群体，在交通设计上给与便利，并在周边设置医院保健等设施等。商业街，为了黑兰不塔村周边的商品菜家的适合于统一管理及经济性化防寒的设计适合了整个个住宅区。

小学校

在小区里设有保安，幼儿园，医院等设施。还有老年活动中心，中心广场，儿童游乐场地等，以实现理想化的小城市为目标。

建筑模型效果

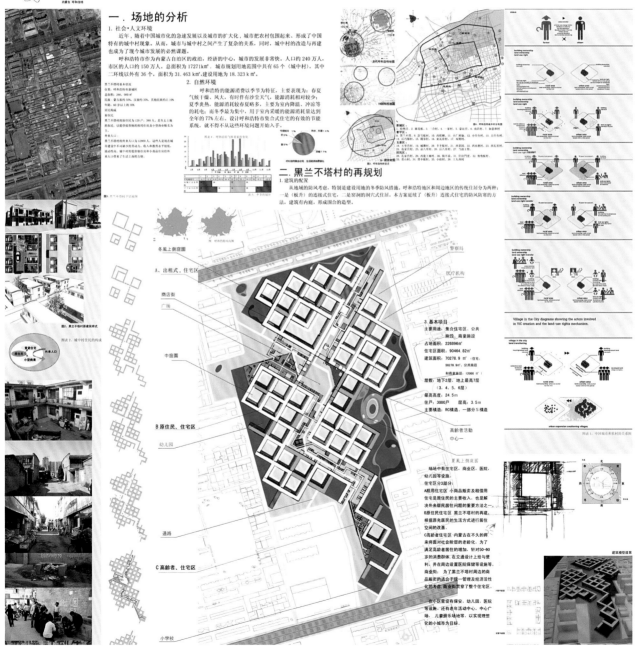

作品名称：南雅集团办公楼
作者：夏蕙　李庆同

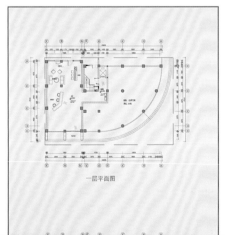

一层平面图

作品名称：典雅·序曲
作者：黄可树

入选作品 专业组

作品名称：苏州酒田日本料理
作者：蒋国兴

苏州开发区中心地带的酒田日本料理是昆山酒田日本料理的分店，想当初做为公司的第一个案子，昆山酒田店主给予我们的那种支持，还历历在目。此次苏州酒田案子同样业主夫妇全权委托我们设计装修及后期配饰，我们同样全程专注。

比起前面昆山打造的酒田那种传统日式文化的简朴，这次苏州酒田算是比较现代中的那种低调与内俭了。

以现代主义手法，运用新技术材料表现了日式文化的本质特征：精炼的语言，丰富微妙的光影变化，朴实无华的色彩对比。苏州酒田虽然取意日式文化，但充满了现代主义精神和审美情趣，对材料大胆自如的运用。比如：用钢构制作的3米多高的移门，用大面积的复合地板铺设墙面及天花；通过半通透黑色钢构隔墙，形成虚实衬托，意趣盎然。

作品名称：叙品咖啡厅
作者：蒋国兴

有人用咖啡释放激情；有人用咖啡寄托相思；有人用咖啡激发灵感；有人用咖啡放松心情；有人用咖啡驱除疲惫，有人用咖啡抚慰心伤……闲暇时，走进咖啡店，一杯咖啡叙品人生百味。

本店位于昆山市中心最繁华街道人民路上面，拥有极为优越的地理位置及宽敞的布局，尽揽都市繁华，生享都恰天地。

环境的气氛营造上是安静、高雅精致的、回避喧嚣，退去了一份奢华，将餐饮与文化融合在一起，用现代化的手法表现环境气质。室内景观装饰元素展现出异种的意象气节，入口处大面积大块叠加装饰墙为环境提供了一个很独特背景，给人遐想空间，马吧台收银台以及灯饰起到完美结合。奠定了餐厅现代简约风格，更要实用金箔饰面，渲染空间环境的尊贵，但是不奢华，传出出的是一份厚重的富贵，让来这里的人们开启一场属于心灵、味蕾双重之旅。

在细节处理上，许多变化多端的材料给人触觉上的完美体验：当温馨、和煦的光线洒在深色的地毯上时，散发出一种浪漫的氛围，而且现代、简洁、时尚的沙发更散发出一种高贵的清新。时尚现代的叙品咖啡结合消费者的心理诉求将设计理念渗透到每个细节，深得消费者认同，客流量日益剧增。

作品名称：创意林卡——西藏文化旅游与艺术创意园概念规划设计
作者：周炯焱　杨潇　叶汀桂

规划总平图

创意文化与旅游总基地
生态住宅区
国际艺术家营地
生态住宅区
高山生态农庄

拉萨旅游集散中心
入口广场
坛城中心广场区
泛喜马拉雅文化艺术交易区
文成公主实景演出区
次角林生态保护区
国际艺术家营地
高端生态度假区

国际会议中心
高山户外运动滑雪基地

概念功能区域

核心区域"坛城"

湿地林卡艺术区

自然生态保护区

"坛城"创意文化中心区
文成公主大型实景演出区
泛喜马拉雅国际艺术文化商品交易区

国际艺术营地
次角林高端生态度假区
次角林湿地林卡公园

自然生态农耕文化保护区
高山户外运动基地
高山国际交流中心

作品名称：知青纪念公园
作者：冯昊　姚瑜

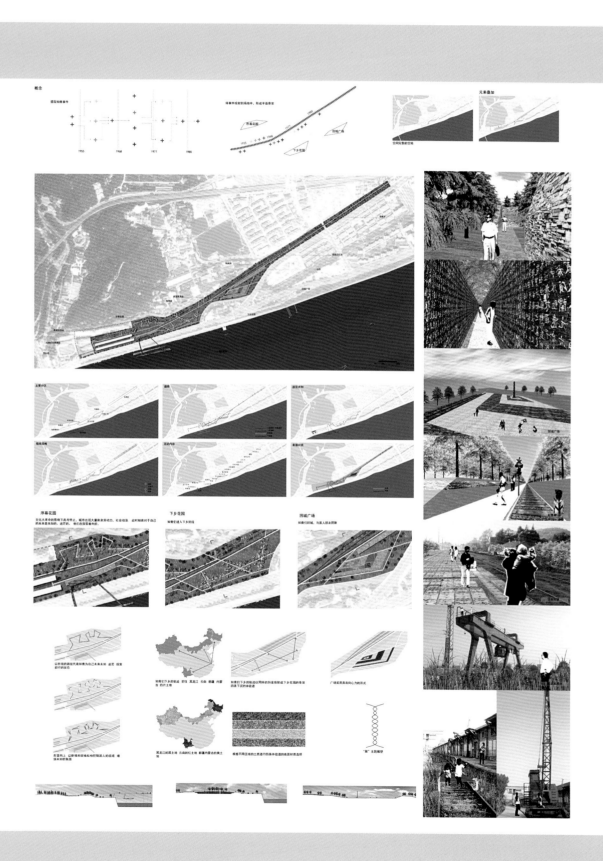

作品名称：小巷运动场
作者：邱昱亭　王沁怡

设计平面 DESIGN PLAN

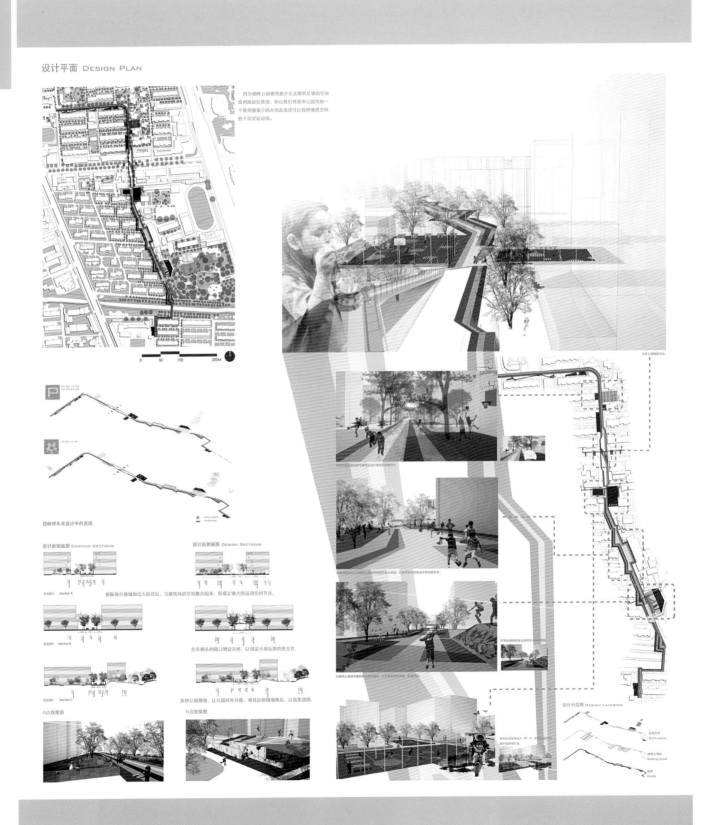

作品名称：概念车互动生活馆
作者：陈宁　郑思文

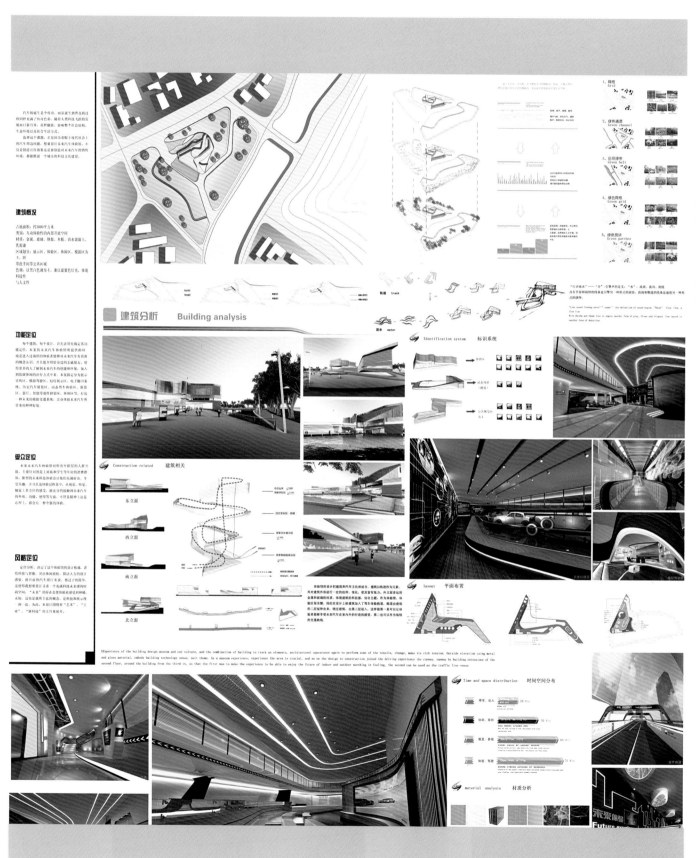

作品名称："翼"起飞翔——时尚休闲餐厅设计

作者：蔡力力

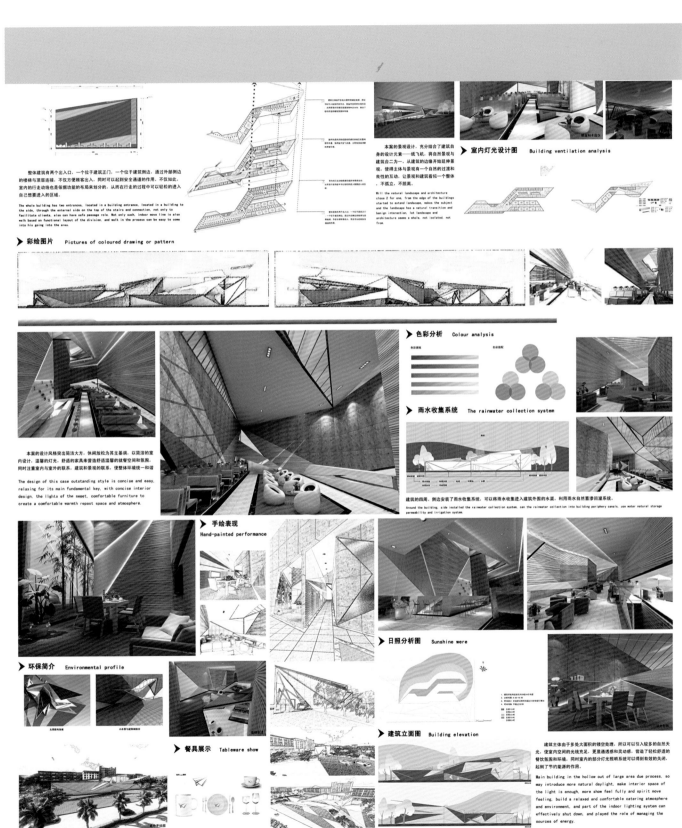

整体建筑有两个出入口，一个位于建筑正门，一个位于建筑侧边，通过外部侧边的楼梯与顶层连接，不仅方便顾客出入，同时可以起到安全通道的作用。不仅如此，室内的行走动线也是依据功能的布局来划分的，从而在行走的过程中可以轻松的进入自己想要进入的区域。

The whole building has two entrances, located in a building entrance, located in a building to the side, through the external side on the top of the stairs and connection, not only to facilitate clients, also can have safe passage role. Not only such, indoor move line is also walk based on functional layout of the division, and walk in the process can be easy to come into his going into the area.

本案的景观设计，充分结合了建筑自身的设计元素——纸飞机，将自然景观与建筑的边缘开始延伸景观，使得主体与景观有一个自然的过渡和良性的互动，让景观和建筑看似一个整体，不孤立，不脱离。

Will the natural landscape and architecture close 2 for one, from the edge of the buildings started to extend landscape, makes the subject and the landscape has a natural transition and benign interaction, let landscape and architecture seems a whole, not isolated, not from.

室内灯光设计图 Building ventilation analysis

▶ **彩绘图片** Pictures of coloured drawing or pattern

▶ **色彩分析** Colour analysis

本案的设计风格突出简洁大方，休闲放松为其主基调，以简洁的室内设计，温馨的灯光，舒适的家具来营造舒适温馨的就餐空间和氛围，同时注重室内与室外的联系，建筑和景观的联系，使整体环境统一和谐。

The design of this case outstanding style is concise and easy, relaxing for its main fundamental key, with concise interior design, the lights of the sweet, comfortable furniture to create a comfortable warmth repast space and atmosphere.

▶ **雨水收集系统** The rainwater collection system

建筑的四周、侧边安装了雨水收集系统，可以将雨水收集进入建筑外围的水渠，利用雨水自然蓄渗回灌系统。

Around the building, side installed the rainwater collection system, can the rainwater collection into building periphery canals, use water natural storage permeability and irrigation system.

▶ **手绘表现** Hand-painted performance

▶ **日照分析图** Sunshine were

▶ **环保简介** Environmental profile

▶ **建筑立面图** Building elevation

▶ **餐具展示** Tableware show

建筑主体由于多处大面积的镂空处理，所以可以引入较多的自然天光，使室内空间的光线充足，更通透感和灵动感，营造了轻松舒适的餐饮氛围和环境，同时室内的部分灯光照明系统可以得到有效的关闭，起到了节约能源的作用。

Main building in the hollow out of large area due process, so may introduce more natural daylight, make interior space of the light is enough, more show feel fully and spirit move feeling, build a relaxed and comfortable catering atmosphere and environment, and part of the indoor lighting system can effectively shut down, and played the role of managing the sources of energy.

作品名称：西安植物园景观规划设计

作者：李星　曾宪瑞　王宇康　禄梦洋　刘艺

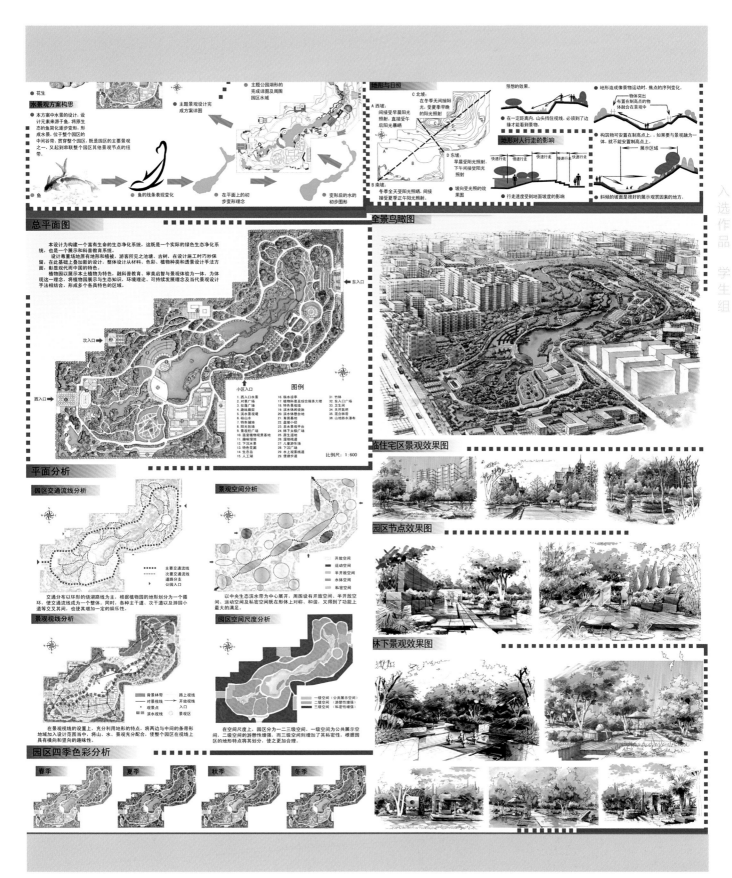

作品名称：河南省函谷关景区规划设计
作者：钱红彤　王玉曼　张艳　刘紫丁　廖娟

E 景观节点篇

■ 鸟瞰图 Aerial View

F 建筑分析篇

■ 建筑风格分析 Style Analysis

两汉时期可谓中国建筑的青年时期，建筑组合和结构处理上日臻完善，并直接影响了中国两千年来民族建筑的发展。大量的汉代画像砖和明器对于真实木构建筑的形象，室内音复以及建筑组群布局等方面都作出形象象具体的补充。

西汉末叶，木构楼阁建筑开始兴起，它的出现可谓中国木结构建筑体系成熟的标志之一。故国以来，大规模宫建的缮宫殿促进了结构技术如斗拱的发展，它的种类十分丰富。

此时的建筑已具有庑殿、歇山、悬山和攒尖4种屋顶形式。庑殿正脊短、屋面、屋脊和檐口平直。屋顶正脊中央常常饰有凤凰。由以上这些，便用成了汉代建筑古朴简洁，但又不乏朝气的形象。

■ 窑洞设计 Cave Dwelling Design

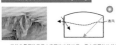

函谷关景区位于黄土高原的边缘地带，黄土高原的沟谷地貌和沟间地貌在这里均有较明显的反映，如台地、沟塬、塬、梁、峁等。同时，黄土民俗风情独具，民居、饮食、地方风俗等无不具有浓郁的黄土民俗特色。

窑洞位于东关楼内南向阳面，几近废弃，我们整合零散资源，将其重新布置为古代生活景。

■ 弈广场 Chess Square

■ 静谧景区 Quiet Area

■ 石质景观 Rocky Area

■ 古道景观 Road Area

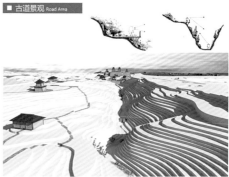

■ 立面 Facade

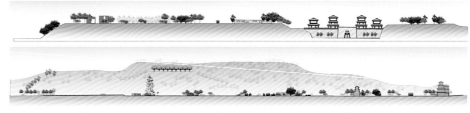

作品名称：山东诸城恐龙公园景观规划设计
作者：尹曾　朱山发　李文慧　赵旸　马博

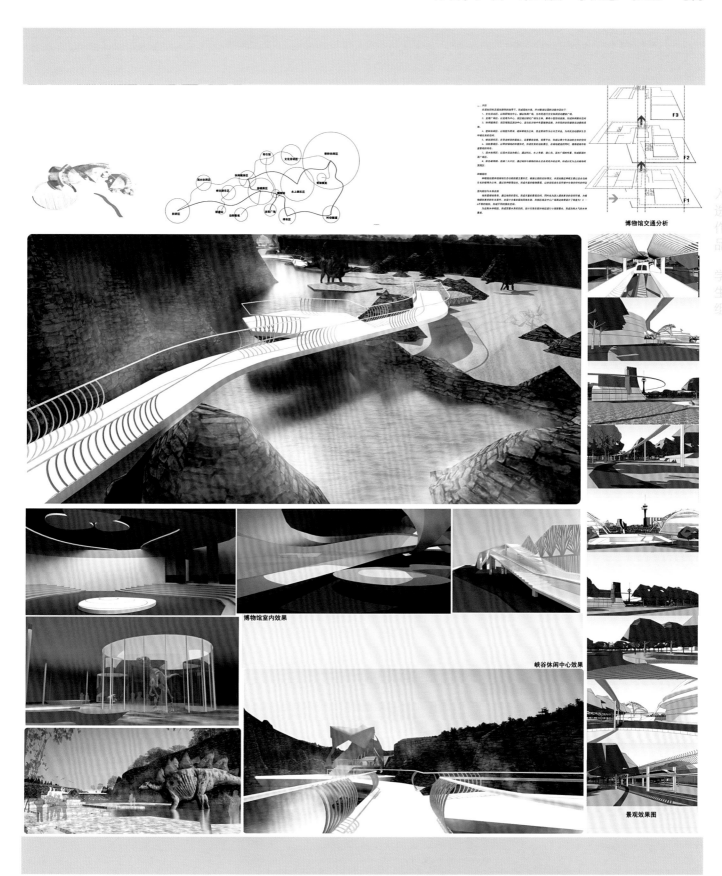

博物馆交通分析

博物馆室内效果

峡谷休闲中心效果

景观效果图

作品名称：水森林

作者：周瑞枝

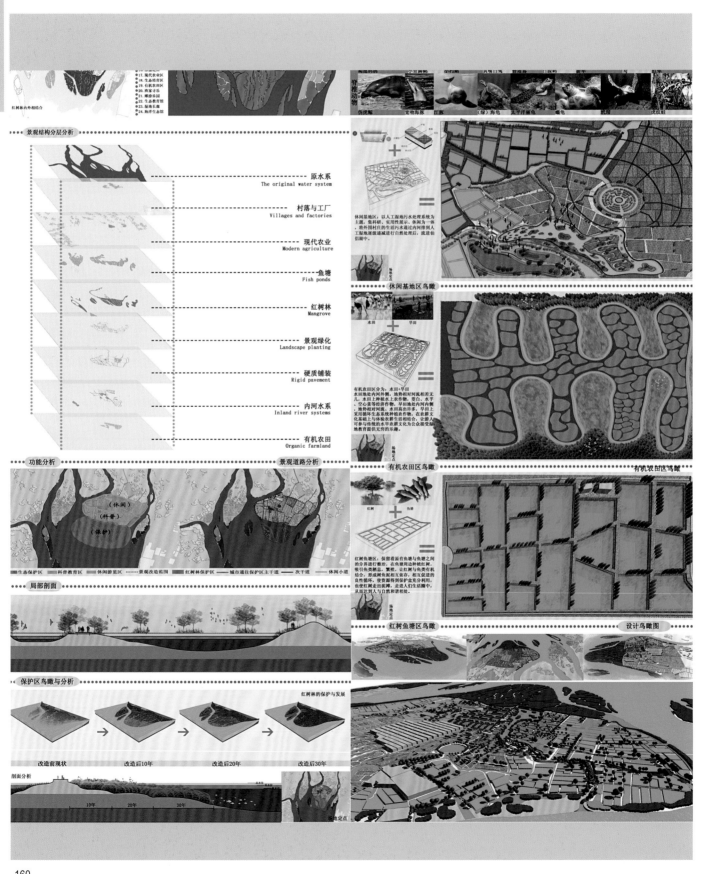

作品名称：浓情时刻——巧克力文化体验馆室内环境设计
作者：杨巳思

体验馆的内部设计是本方案设计表现的重点。从内部空间划分到天花布置再到立面表现，以及展示空间内的展示部分，需要整体、统一，在设计构思时要兼顾几者的关系，一气呵成，达到统一的效果。体验馆的室内空间由流线型的墙体划分成自由而又相对独立的展厅，相互联系又隔尔不断，使整个布局自由而整体。在区域功能划分的同时，考虑室内交通流线的合理性。

入选作品　学生组

作品名称：山西长治别墅设计
作者：乔振源

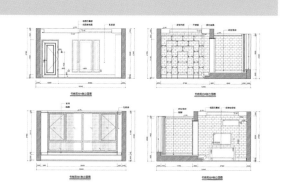

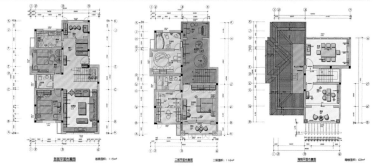

作品名称：长沙古城墙原址保护文化中心
作者：何松繁

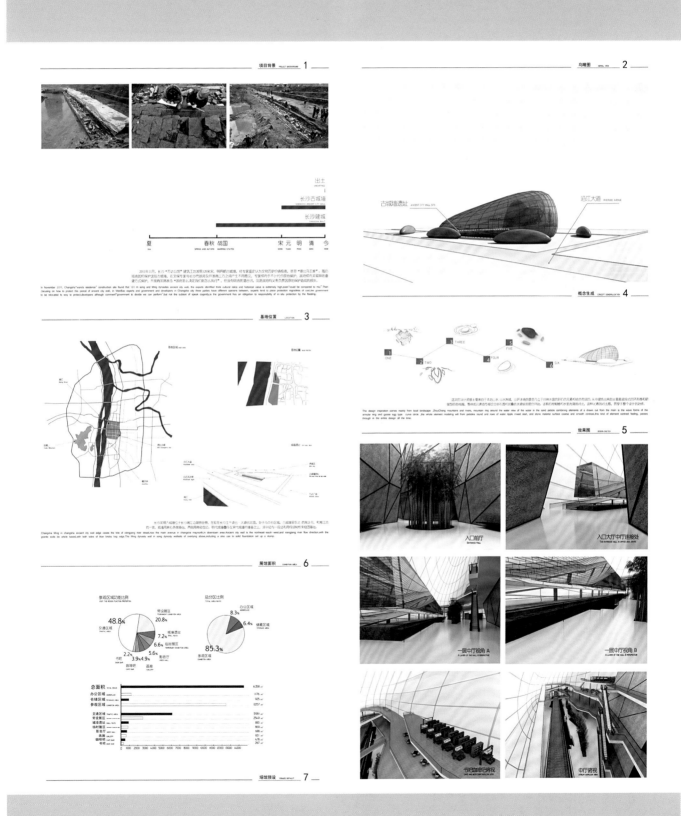

作品名称：地震纪念馆设计
作者：马勤　王绿瓯

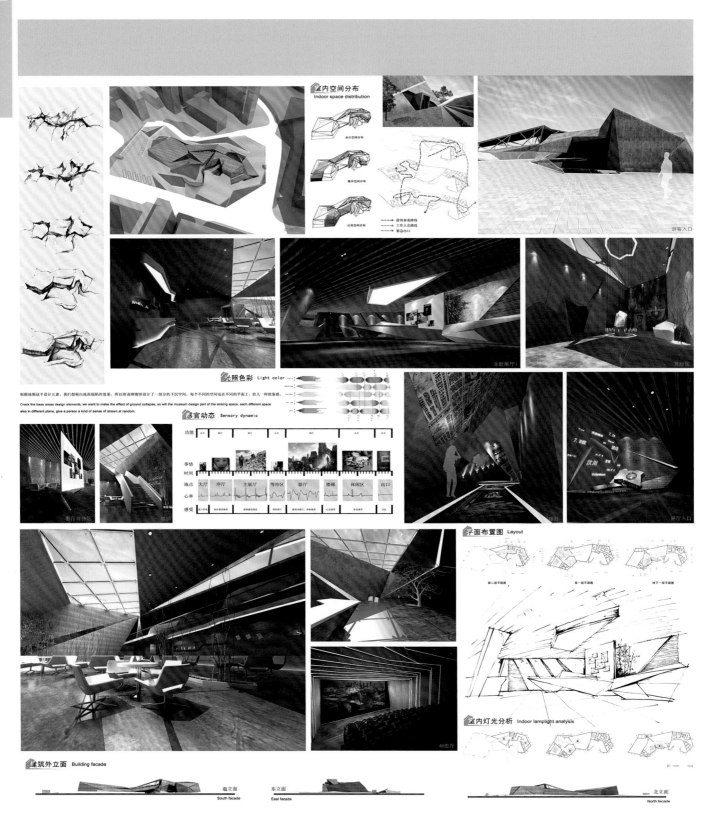

作品名称：盒中合

作者：许何展

建筑演绎

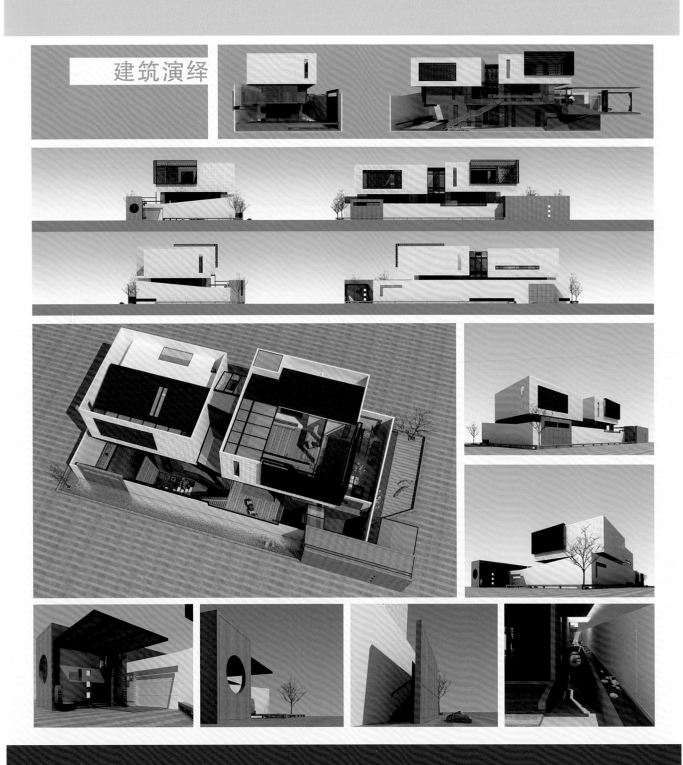

入选作品　学生组

作品名称：宁夏沙漠博览园永久会址概念设计
作者：张强

功能布局：

总体布局分三个区：1、酒店区　2、会议中心区　3、会展中心区

酒店在北侧，会展中心在南侧，中间通过会议中心连接过渡，使三个建筑在外型上连成一个整体，但各自建筑有相对独立的出入口，在使用上相互独立。

五星级酒店建筑主要朝向均为南北朝向，分四个独立组团，组团之间通过连廊连接。各组团建筑为两层，南北向均布置客房，在组团的尽端有消防出口。酒店有标间128间，商务套房25套，总统套房12套。

会议中心为椭圆形建筑，建筑采光除侧窗采光外，局部作了天窗采光，在会议中心的上部设置形似烛台的沙漠观光塔，塔高50米，塔顶部设置指示灯，使人们从广袤的场地周边到建筑群有明确的方向感。

会展中心有两个分区，较大分区有三个组团，较小分区有两个组团，组团之间通过廊道连接，把会展中心串联起来，这样可以满足不同的需求。

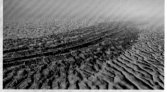

草方格与绿化植物：

草方格沙障是一种防风固沙、涵养水分的治沙方法。方格四周的麦草阻挡风沙，众多的方格子能拦截肆无忌惮的沙海。麦草不易腐烂，沙漠中又相对少雨，更延长了麦草的使用寿命，而方格内种植耐旱的沙生植物，如沙柳、刺柳、樟子松、红砂、沙蒿、沙棘、骆驼刺等，便可在没有风沙侵扰的方格子里落户，逐年生长，渐渐形成防沙、固沙植物带。

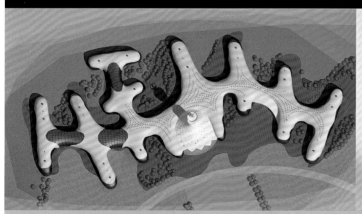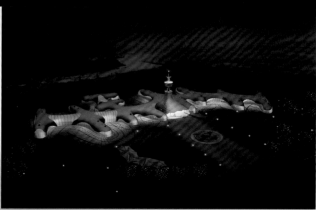

作品名称：骑居申桥

作者：袁泉　陶晓燕　许键

入选作品　学生组

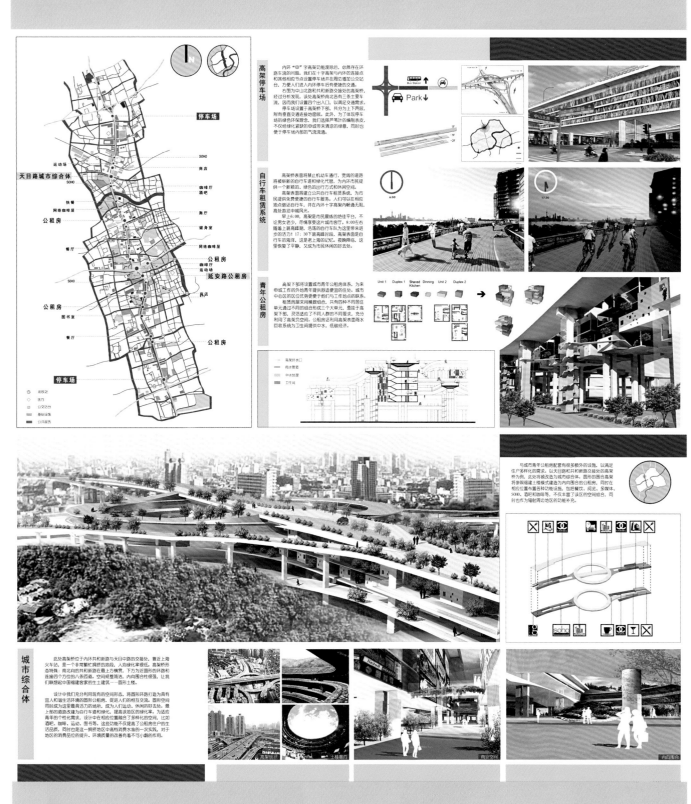

高架停车场

内环"申"字高架功能废弃后，必然存在在环路东流的问题。我们行十字高架与内环的连接点和他相似节点设置停车场并在周边增加公交站台，方便人们进入内环停车与便捷的交通。右图为山中道路和利新路交接处的高架，经过分析发现，该处高架南北各名三条主要车流，因而我们设置四个出入口，以满足交通需求。停车场设置多层高架桥，共分为上下两层，附有垂直交通连接地面圈环。此外，为了体现停车场的绿色环保接合，我们选择声芦隔环的隔隔装置，不仅绿化试验的申请带来清新的绿意，同时也便于停车场内部的空气流通。

自行车租赁系统

高架桥表面将禁止机动车通行。宽阔的道路将被新的自行车道和绿化代替，为内环民提供一个新颖的、绿色出行方式和休闲空间。高架表面将建立公共自行车租赁系统，为市民提供免费便捷的自行车服务。人们可以在相应地点进行行车，并在内环十字高架畅通无阻，自由地迎娴风车。单日上午6:00，高架是市民最佳的锻炼平台，不论男女老少，尽你享受这片城市客厅。8:00左右随着上班高峰期，浩荡的自行车队到这里带来早步的活力！17:30下提高峰后段，高架表面是行车的海洋，这是老上海的记忆。夜晚降临，这里恢复了平静，又成为市民休闲的好去处。

青年公租房

高架下部将设置城市青年公租房体系，为来申请工作的外地青年提供舒适便宜的住处。城市中心区的区位优势便更于他们与工作的联系。根据高架表面采用绿色能来，共有四层不同的居住单元这里采用四的组合形成三个大单元。悬挂于高架下层，灵活透应了不同人群的不同需求，充分利用了高架及空间。公租房还利用高架表面商水回收系统与卫生间提供中水，低碳经济。

与城市青年公租房配套有很多数外的设施，以满足住户多样化的需求。以天目路和共和新路交接处的高架桥为例，此处将被改造为城市综合体。图形的圆形的高架将参照福建土楼模式建造为内向围合的公共设施，同时在相应位置置各种功能设施，包括餐饮、阅览、多媒体、SOHO、酒吧和咖啡等。不仅丰富了该区的空间组合，同时也作为辐射周边地区的功能补充。

城市综合体

此处高架桥位于内环共和新路与天目中路的交接处。靠近上海火车站，是一非常繁忙而拥挤的地段。人的绿化率很低。高架桥形态特殊：南北向的共和新路在上方横贯，下方为近圆形的环路和连接四个方位的八条匝道。空间规整流流畅，内向围合性很强。让我们联想起中国福建客家的土建筑——圆形土楼。

设计中我们充分利用现有的空间形态，将圆形环路打造为具有宜人和谐生环境的圆形公租房，促足人们的相互交流。圆形空间同时成为这里最具活力的场所，成为人们运动、休闲的好去处。最上部的道路改造为自行车道和绿化，提高该地区的绿化率。为适应青年的个性化需求，设计中在相应位置集合了多样化的空间，比如酒吧、咖啡、运动、图书等。这些功能不仅满足了公租房住户的生活品质，同时也是这一期桥地区中高档消费水准的一次实践。对于地区的消费贵位的提升。环满质量的改善有着不小地作用。

作品名称：流年
作者：陈婧

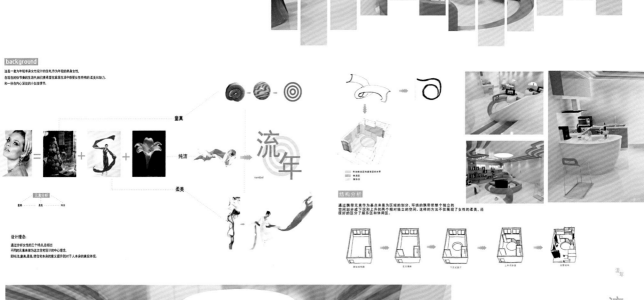

background

background
这是一套为年轻单身女性设计的住宅作为年轻的单身女性。
在现在的快节奏的生活中,她们渴望在家居生活中感受女性特有的柔美和魅力。
和一份在内心深处的小女孩情节。

童真

纯洁

流年
symbol

柔美

设计理念:
通过分析女性的三个特点,总结出
不同的元素都是为这次住宅设计时的心理念,
即纯洁,童真,柔美,把住宅本身的温暖又提升到对于人本身的真实体现。

结构分析
通过飘带元素作为基点来最为区域的划分,环绕的飘带把整个独立的
空间划分在了区和上升的两个相对独立的空间。这样的方法不仅展现了女性的柔美,还
很好的划分开了娱乐区和休闲区。

以瑞士卷的截面作为吊顶的设计,不仅富有童趣,还可以和飘带这一元素相互呼应。
更加凸显此次设计的主题,柔美和童真的结合。

● 整个住宅以4个部分组成:
吊顶   墙体
家具   地面

● 整个空间被飘带状的隔断分为了动,静两个部分,在进行
光线,通风的比较之后,整个空间就可以划分为7个部分,
分别是卧室,客厅,书房,餐厅,厨房,卫生间,玄关,公共
活动区。这样一个整体的空间就被横好的划分为了有主有
次的家居空间。

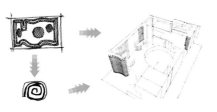

平面图

功能分区

交通流线

光线分布

通风分布

作品名称：书院意构
作者：陆文婧

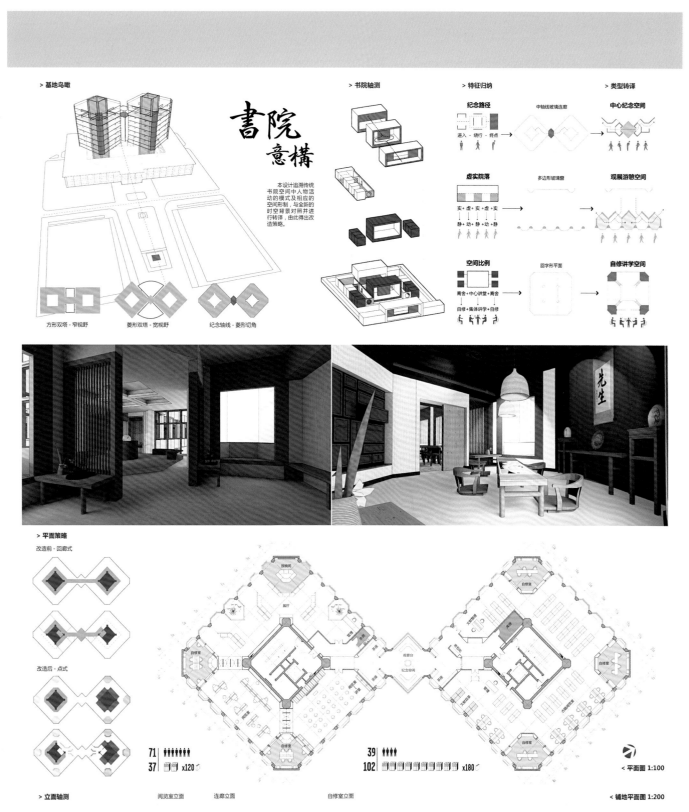

> 基地鸟瞰

方形双塔 - 窄视野　　菱形双塔 - 宽视野　　纪念轴线 - 菱形切角

> 书院轴测

> 特征归纳

纪念路径
进入 · 绕行 · 终点

虚实院落
实 + 虚 + 实 + 虚 + 实
静 + 动 + 静 + 动 + 静

空间比例
斋舍 + 中心讲堂 + 斋舍
自修 + 集体讲学 + 自修

中轴线玻璃连廊

多边形玻璃窗

回字形平面

> 类型转译

中心纪念空间

观展游憩空间

自修讲学空间

書院意構

本设计追溯传统书院空间中人物活动的模式及相应的空间形制，与全新的时空背景对照开进行转译，由此得出改造策略。

入选作品　学生组

> 平面策略

改造前 - 回廊式

改造后 - 点式

> 立面轴测

阅览室立面　　连廊立面　　自修室立面

71　37 x120

39　102 x180

< 平面图 1:100

< 铺地平面图 1:200

作品名称：侨乡文化馆
作者：张宇宏　郭佳琳

作品名称：长河舸影在——广东轻工职业技术学院历史文化长廊设计与建造
作者：赵飞乐　彭洁

平立面

作品名称：设计事务所办公空间设计
作者：罗曼

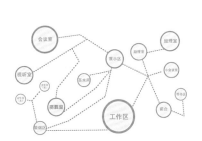

作品名称：水下未来娱乐空间概念设计

作者：罗曼

入选作品 学生组

方案为水下未来娱乐空间概念设计。全球气候变暖，南极冰盖融化，海平面上升，这些状况逐渐威胁着人类。假设数年后陆地被覆盖，人类将在水下生活。为还原陆地的形态，空间内采用等高线的形式增加层次感。室内大部分光源靠阳光折射进海平面。上升、下沉、流动、变化、不规则的有机形态，都赋予了空间水下未来的感觉。

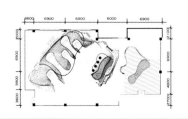

作品名称：南锣鼓巷景观规划设计
作者：刘动　王朔

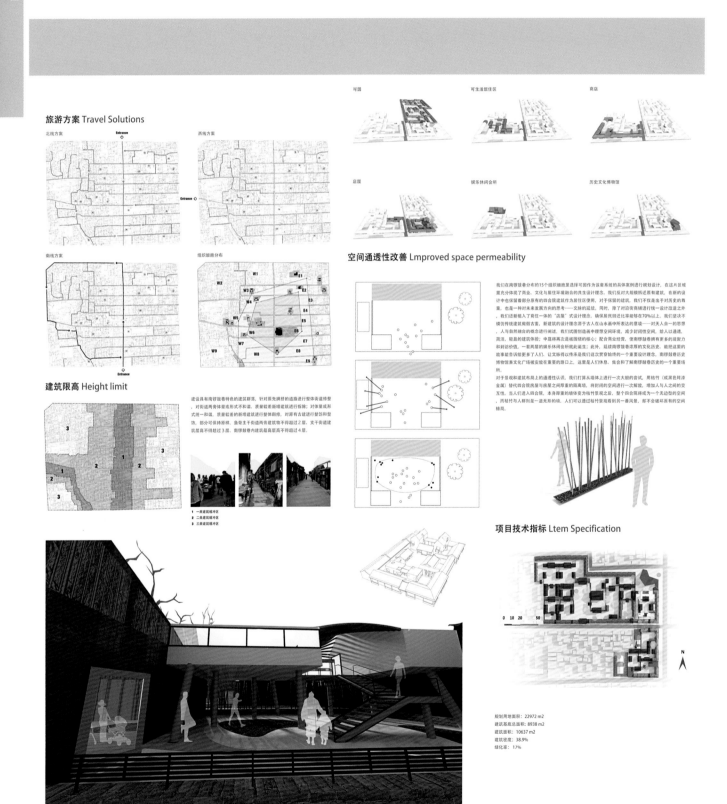

旅游方案 Travel Solutions

北线方案　　　　　　　西线方案

南线方案　　　　　　　组织细胞分布

建筑限高 Height limit

建设具有南锣鼓巷特色的建筑群落，针对原先网桥的道路进行整体街道修整，对街道两旁体量形式和和谐。质量较差新增建筑进行拆除；对体量或形式统一和谐，质量较好的新增建筑进行翻新修饰，对原有古迹建筑进行整饰和整饰，部分可保持原样。鱼骨主干街道两旁建筑物不得超过2层，支干街建筑层高不得超过3层，南锣鼓巷内建筑最高层高不得超过4层。

1 一类建筑缓冲区
2 二类建筑缓冲区
3 三类建筑缓冲区

可园　　　　　　　可生活居住区　　　　　　商店

店屋　　　　　　　娱乐休闲会所　　　　　　历史文化博物馆

空间通透性改善 Lmproved space permeability

我们在南锣鼓巷分布的15个组织细胞里选择可园作为该系统的具体案例进行规划设计，在这片区域里充分体现了商业、文化与居住环境融合的共生设计理念。我们反对大规模拆还原有建筑。在新的设计中也保留着部分原有的四合院建筑作为居住使用，对于保留的建筑，我们不仅是出于对历史的尊重，还有一种对未来发展方向的思考——文脉的延续。同时，除了对沿街商铺进行一设计改造之外，我们还新植入了商住一体的"店屋"式理念，确保居民回迁比率能够在70%以上。我们谋求不模仿传统连接建筑或微宿方面，新建筑的设计理念来源于古人在山水画中所表达的意境——对天人会一的思想，人与自然融合的概念进行阐述。我们试图创造高中理想空间环境，减少封闭性空间，给人以通透、简洁、轻盈的建筑体验；中篇将再次是被围绕的核心。配合商业经营，使南锣鼓巷拥有更多的凝聚力和吸引价值。此外，延续南锣鼓巷深求厚的文化历史，能把这里的故事再告诉给更多了人们。让文脉得以传承是我们这次贯穿始终的一个重要设计理念，南锣鼓巷历史博物馆演文化广场被安放在重要的接口上，这里是人们休息、集会和了解南锣鼓巷历史的一个重要场所。

对于景观和建筑布局上的通透性认识，我们打算从墙体上进行一次大胆的尝试，用枯竹（或某色纯漆金属）替代四合院房屋与房屋之间厚重的隔离墙，将封闭的空间进行一次划通，增加人与人之间的交互性。当人们进入四合院，整个四合院变为为枯竹景观之后，整个四合院就成为一个无边型的空间，而枯竹与人群则是一道无形的墙。人们可以通过枯竹景观看到另一番风景，却不会破坏环保的空间格局。

项目技术指标 Ltem Specification

0 10 20　50

N

规划用地面积：22972 m2
建筑基底总面积：8938 m2
建筑面积：10637 m2
建筑密度：38.9%
绿化率：17%

作品名称：梵心·禅语——别墅空间设计
作者：周宇晨　江畅　张涵煦

梵心·禅语
别墅空间设计

别墅的主卧位于第二层，面朝大海有最佳的视野。整个主卧空间33m²，其中进门的屏风将整个空间划分为二个部分。屏风背后为一个起居室空间，用于主人休息、参禅。屏风前为主人的私密空间，2米大床正面对的是无敌海景。而屏风是有高级金丝楠木雕有佛像，镇宅辟邪，也彰显主人不凡的品味。

别墅的书房也被由隔断墙分为两个部分，供男女主人分开使用。整个书的家具也都是使用的金丝楠木。色调为棕褐色，显得气质沉稳典雅。同时也放有很多芭蕉等室内装饰植物给

客厅透视图

主卧透视图

厕所透视图

儿童房透视图

书房透视图

作品名称：涅槃

作者：林媛媛　高玉蓉

区位背景

"一条颐和路，半部民国史"位于南京山西路一带的颐和路公馆区是南京市城市总体规划中划定的10个历史文化保护区之一，是集中体现民国时期文化特色的城市街区，具有重要的保护价值。其蕴涵的历史、文化背景，在全国并不多见，对这一区域进行资源开发具有良好的前景。

公馆区位于南京市城北中心区山西路和颐和路一带，东依宁海路、江苏路，西接西康路，南起北京西路，北至宁夏路，总用地为37.78ha，其中本次规划5700m²。

现状分析

1、公馆区历史文化价值
(1) 历史街区和建筑价值。
《首都计划》按照确定的城市功能分区，山西路、颐和路一带为一级高级住宅区，全部是独立花园洋房。区域内道路格局、建筑风格特色较为完整的反映了民国时期高级住宅区的建筑特色和环境风貌。

2、现状存在问题
(1) 公馆周边地区兴建了许多规模体量较大的多、高层公共建筑和居住建筑，影响公馆区周围的空间环境。
(2) 对院落围墙破坏性的维修，影响该区的整体风貌，还有部分院落围墙年久失修。
(3) 住宅院落及建筑内部环境恶化。
(4) 保护公馆区还缺乏广泛的共识。

设计与构想

1、规划重点：
采取"保护、激活、开放、体验"的理念，坚持以保护和创造具有独特风格的城市风貌为原则，坚持在保护中发展，在发展中保护，修建"还原历史，重现历史，回忆历史"的建筑历史博物馆。把挖掘文化和审美放在第一位，在保护与开发利用之间寻找平衡点，让建筑与环境活起来，充满生机。
两大出发点：尊重历史环境+保存城市记忆。
2、设计原则：尊重历史，尊重遗存原则；系统保护，远近结合原则。
(1) 保护颐和路公馆区传统居住建筑外空间环境的历史真实性。根据《南京主城历史文化名城保护规划》保护区内道路格局、路幅宽度和空间尺度，路面做法，人行道路铺地应恢复民国时期做法。围墙、大门、门头设计其式样色彩尽可能保留历史原貌。保护现存的民国时期的一切具有大量文化历史信息的真实的历史遗存，植物、窖井盖、构筑物、小品等真实的历史遗存。保护街区内景观的协调与延续，严禁有碍观瞻、破坏环境风貌的建设活动。
(2) 在保护、再生的基础上赋予整个街区新的活力和新的城市功能。外立面修饰要保持原有建筑风格，建筑内部在保护其结构的前提下，规划历史文化博物馆及一系列文化公共设施。
(3) 使颐和路公馆区成为浓缩南京历史，反映民国文化特色的城市街区。公馆区内会展出民国时期书籍、服饰、军事、电影等相关历史物品。

两大出发点：
尊重历史环境+保存城市记忆
保护、激活、开放、体验

1、从中国人审图示中的"中""正"二字，引入"魔方"的设计理念。

2、以"保护空间与再生"为核心将"魔方"进行解构。

3、以"保护空间与再生"为核心，以重组的方式，重新组合，展现新概念的公馆区。

3、设计理念：大而无物为之空，多而无序则是乱。"魔方"这一设计灵感源自中国审美图式中的"中""正"二字。经过分析提出基于保护，再生，组合，和谐与综合的设计构想，通过把这些构想自的支持转换成方案，融入"魔方"这一设计理念，以"保护与空间再生"为核心，重新组合，实现城市传统历史空间的有机延续。在对公馆区历史形成的外部和内部空间结构进行实地考察的基础上，对公馆内有特色的城市空间构成要素进行提炼概括，保护并强化公馆区的空间格局及城市肌理。满足不同需要，形成了从闹到静、从公共空间、半公共空间到私密空间的完整的空间组织序列。

植物配置分析

上层主要植物：

一个重点，两个原则：
"保护、激活、开放、体验"
尊重历史，保护遗存原则；
系统保护，远近结合原则。

鸟瞰图

北

20 0 20 40 60米
图示比例尺　1:1000

保护颐和路公馆区传统居住建筑外空间环境的历史真实性。
根据《南京主城历史文化名城保护规划》保护区内道路格局、路幅宽度和空间尺度，路面做法，人行道路铺地应恢复民国时期做法。围墙、大门、门头设计其式样色彩尽可能保留历史原貌。保护现存的民国时期的一切具有大量文化历史信息的真实的历史遗存，植物、窖井盖、构筑物、小品等真实的历史遗存。保护街区内景观的协调与延续，严禁有碍观瞻、破坏环境风貌的建设活动。
在保护、再生的基础上赋予整个街区新的活力和新的城市功能。外立面修饰要保持原有建筑风格，建筑内部在保护其结构的前提下，规划历史文化博物馆及一系列文化公共设施。使颐和路公馆区成为浓缩南京历史，反映民国文化特色的城市街区。公馆区内会展出民国时期书籍、服饰、军事、电影等相关历史物品。

具体分析

○ 次要视点分布
○ 主要视点范围
■ 中心视点分布
■ 主要视线轴
■ 周围视线分布

博物馆

库藏区
三层洗手间

民国外景手间
一层民国经济展区
收藏研究中心
一层画画
民国咨询
民国文化展示厅
主入口

民国文化名人展厅

画廊

博物馆内部功能分析

↗ 入口
■ 主路线
■ 次路线

视点分析

道路分析

本设计是对颐和路第十二片区里的部分建筑、景观进行规划设计。历史建筑有其特定时段的传统风貌，这种风貌要求在历史文化街区内得以永存而不能随意改变，但其功能的重新定性或者说再利用的方式，却应与时俱进。

民国图书馆
民国博物馆
综合服务厅
拍卖行
民国模型体验厅
民国电影放映厅

① 左立面

② 前立面

功能分析

基于保留原有建筑的同时，通过对民国时期建筑的历史文化特性、建筑造型、色彩和材料的解析中提出以中西合璧的建筑理念来指导景观设计，既可以继承民国时期的特色文化又可以使建筑和景观紧密结合，使建筑最终融入景观。

空间分析

落时树　常绿树

在植物配置中作为主景的观赏

落时树的枝条在常绿的衬托下更显眼

中色植物作为深色植物与浅色植物的媒介

封闭垂直面，开敞顶平面的垂直空间

作品名称：天津市滨海新区　海河沿岸景观规划设计

作者：徐湲

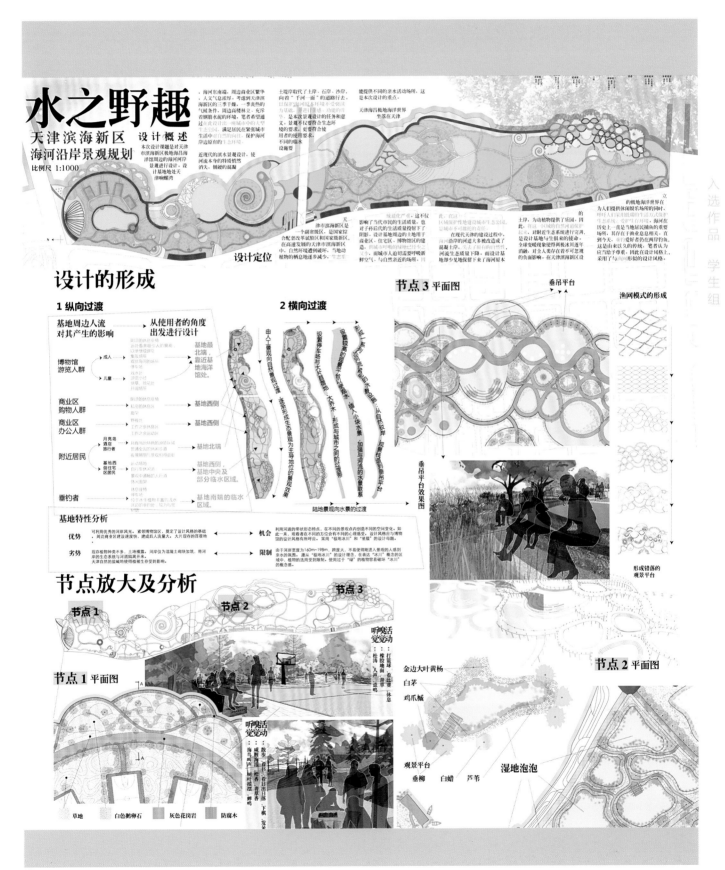

水之野趣

天津滨海新区
海河沿岸景观规划

比例尺 1:1000

设计概述

设计定位

设计的形成

1 纵向过渡

基地周边人流
对其产生的影响

从使用者的角度
出发进行设计

2 横向过渡

陆地景观向水景的过渡

基地特性分析

优势		机会
劣势		限制

节点 3 平面图

垂吊平台

渔网模式的形成

垂吊平台效果图

形成错落的
观景平台

节点放大及分析

节点 1

节点 2

节点 3

节点 1 平面图

听嗅活
觉觉动

听嗅活
觉觉动

节点 2 平面图

金边大叶黄杨
白茅
鸡爪槭

观景平台
垂柳　白蜡　芦苇

湿地泡泡

草地　　白色鹅卵石　　灰色花岗岩　　防腐木

作品名称：沙漠魔方——新疆和田生态综合体设计
作者：刘玉春　车宝莹　王晶　王进　陆远　阮磊

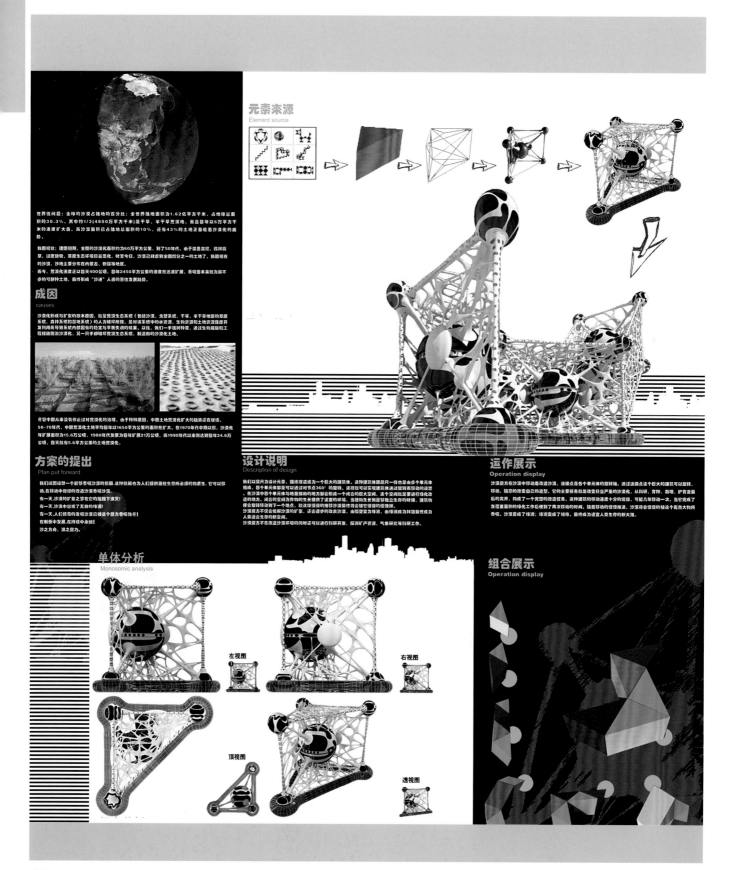

元素来源
Element source

世界性问题： 全球的沙漠占陆地的百分比：全世界陆地面积为1.62亿平方千米，占地球总面积的30.3％，其中约1/3(4800万平方千米)是干旱、半干旱荒漠地，而且每年以6万平方千米的速度扩大着。而沙漠面积已占陆地总面积的10％，还有43％的土地正面临着沙漠化的威胁。

我国现状： 建国初期，全国的沙漠化面积约为60万平方公里，到了50年代，由于滥垦滥伐，毁林开草，过度放牧，草原生态项目日益恶化。时至今日，沙漠已扩展到全国四分之一的土地了。我国现在的沙地，沙地主要分布在内蒙古、新疆等地区。

而今，荒漠化速度正以每天400公顷，每年2450平方公里的速度在迅速扩展，吞噬着本来就为数不多的可耕种土地，最终形成"沙进"人退的恶性发展趋势。

成因
causes

沙漠化形成与扩大的根本原因，就是荒漠生态系统（包括沙漠、戈壁系统、干旱、半干旱地区的草原系统、森林系统和湿地系统）的人为破坏所致，是对该系统中的水资源、生物资源和土地资源过度开发利用而导致系统内部固有的稳定与平衡失调的结果。以往，我们一手防沙种草，通过生物措施和工程措施防治沙漠化，另一只手破坏荒漠生态系统，制造新的沙漠化土地。

尽管中国从来没有停止过对荒漠化的治理，但由于种种原因，中国土地荒漠化扩大的趋势还在继续。50~70年代，中国荒漠化土地平均每年以1650平方公里的面积在扩大。在1970年代中期以前，沙漠化年扩展面积为15.6万公顷，1980年代发展为每年扩展21万公顷，而1990年代以来则达到每年24.6万公顷，每天就有5.6平方公里的土地荒漠化。

方案的提出
Plan put forward

我们试图建设出一个能够吞噬沙漠的抗器。这种抗器也为人们提供居住生存所必须的物质生。它可以移动，在移动中继续吞噬改造沙漠。

有一天，沙漠的扩张之梦在它的能量下澳灭！

有一天，沙漠中出现了无数的绿遍！

有一天，人们惊奇的发现沙漠已经被吞噬殆尽！

在制造中发展，在持续中永恒！

沙之方向，渴之愿力。

设计说明
Description of design

我们以原尺为设计元素，提练改造成为一个巨大的建筑体，这种建筑体属尺一样也是由多个单元体组成，各个单元体都可以通过对节点360°的旋转，这样就可以实现建筑体通过旋转而移动的设想。在沙漠的单元体地面的地方部会形成一闭合的巨大空间，这个空间刚就是要进行绿化改造的地方。同合的空间为作物的生长提供了适宜的环境，当植物生长到足够独立生存的时候，建筑物便会整体移动到下一个地点，就这样循慢的推移沙漠最终会使它慢慢的侵蚀掉。沙漠犹如无休止的蔓延，还会遮存改良沙漠，由间遮沙成为林泅道最终成为人类适合生存的新空间。

沙漠魔方在改造沙漠环境的同时还可以进行科研开发、探测矿产资源、气象研究等科研工作。

运作展示
Operation display

沙漠魔方在移动中改造改善沙漠，连接点是各个单元体的旋转枢。通过连接点这个巨大的建筑可以旋转、移动，随意的改变自己的造型。它的主要任务就是改变日益严重的沙漠化，从科研、育种、栽培、护育追最后的完开，构成了一个完整的改造建程，这种建筑的移动速度十分的缓慢，可能几年移动一次。当它完成了发展覆盖面的绿化工作后便到了再次移动的时候。随着移动的慢慢推进，沙漠变成了绿洲；绿洲变成了城市。最终成为适宜人类生存的新大陆。

单体分析
Monosomic analysis

左视图　右视图

顶视图

透视图

组合展示
Operation display

作品名称：忆华祠——长春和平纪念馆
作者：韩阳　王曼逸　刘珊

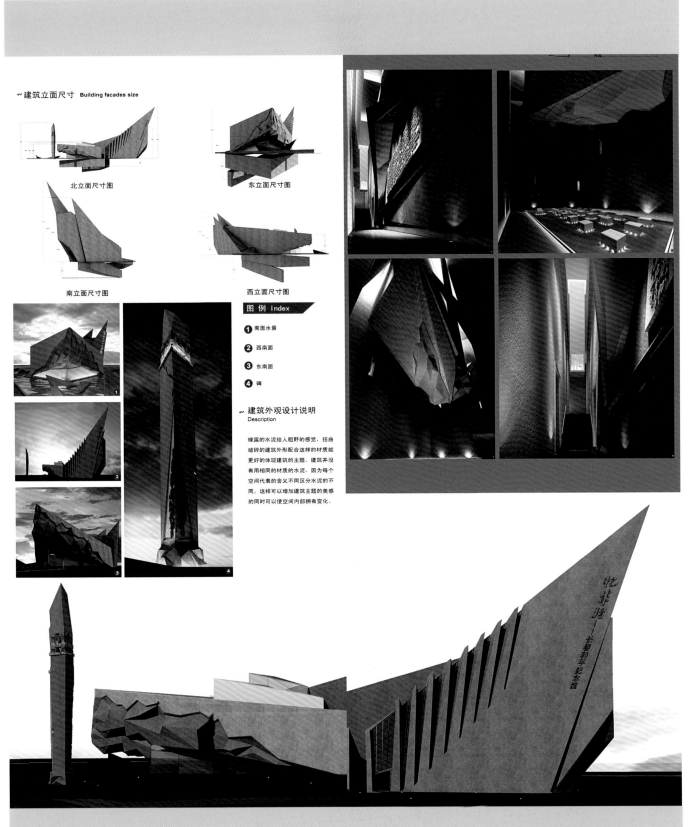

建筑立面尺寸　Building facades size

北立面尺寸图

东立面尺寸图

南立面尺寸图

西立面尺寸图

图　例　Index

❶ 南面水景

❷ 西南面

❸ 东南面

❹ 碑

建筑外观设计说明
Description

裸露的水泥给人粗野的感觉，扭曲
破碎的建筑外形配合这样的材质能
更好的体现建筑的主题。建筑并没
有用相同的材质的水泥，因为每个
空间代表的含义不同区分水泥的不
同。这样可以增加建筑主题的美感
的同时可以便空间内部拥有变化。

入选作品　学生组

作品名称：一"器"合"城" —— 概念商业文化中心设计
作者：姚科佼　李轩谊　陈嘉润

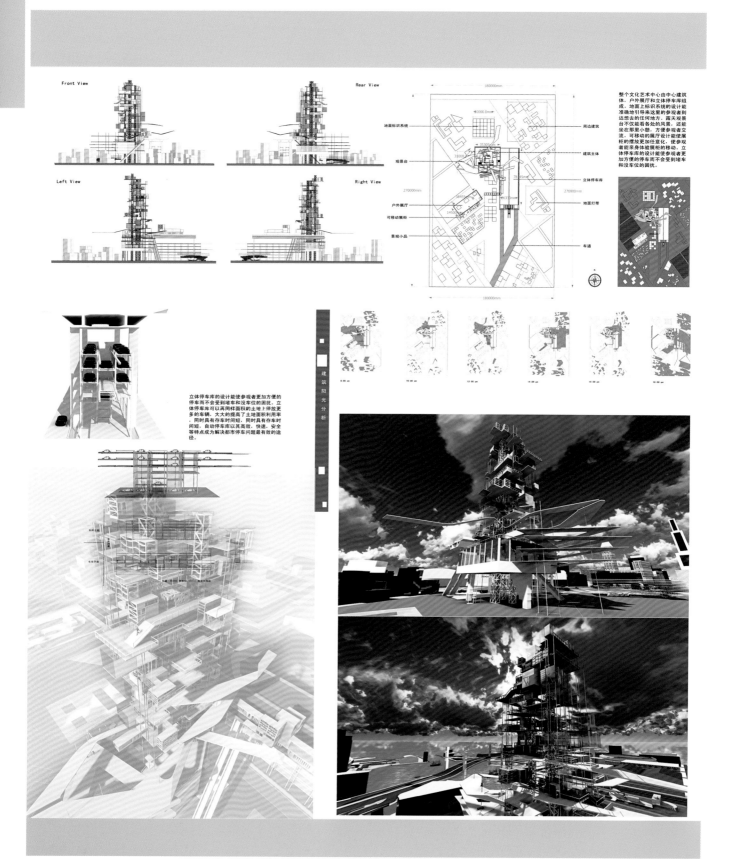

作品名称：天津塘沽海河外滩公园内沿河广场景观设计
作者：齐梓钰

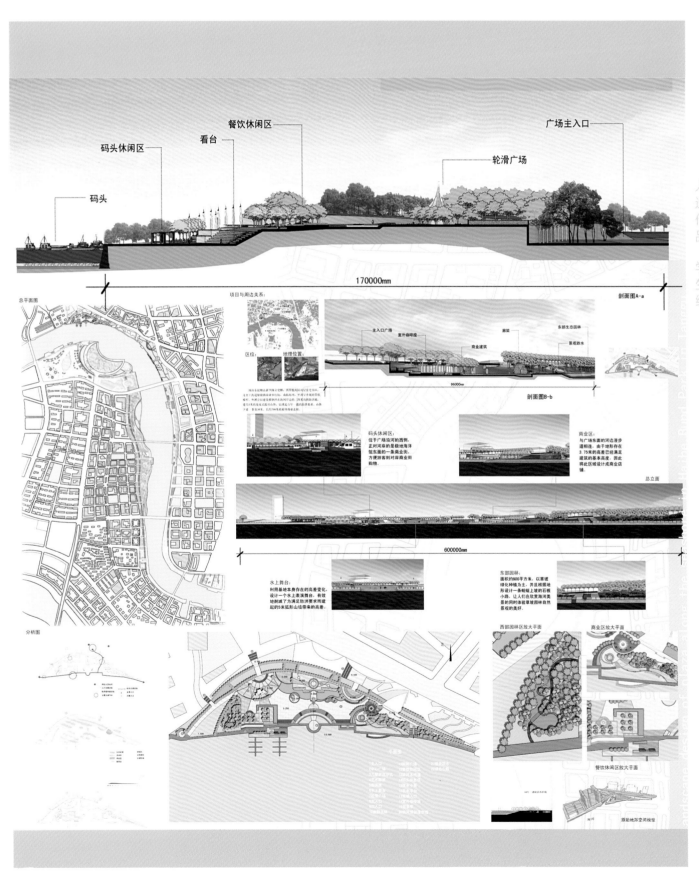

作品名称："绿色空间"节能会所方案设计
作者：任少楠

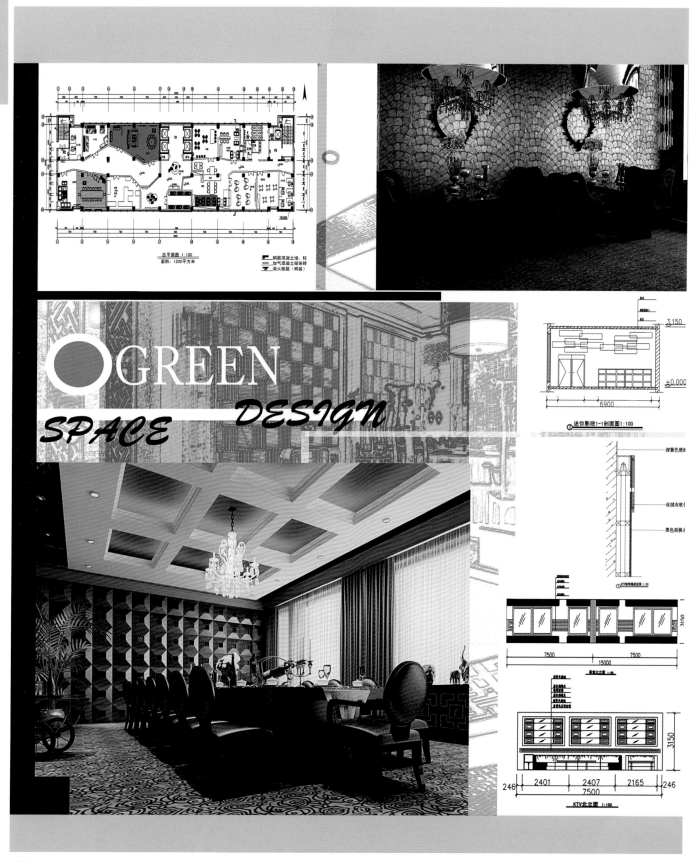

作品名称：上海市吴淞工业园区环境综合治理成果展
作者：骆晓演

建筑外观
建筑 industrial area Building exterior

外观局部效果图

设计说明：

在原有老厂房的基础下，保护其原有的房梁进行改造，夸张的造型灵感其实来源于工业区内的零部件的造型，以六边形为基础的变形的外观装饰，包裹在墙体外。建筑的风格设计即现代，又不脱离工业区环境因素。展馆的外观色彩主要以暗红色与绿色的有机结合，意在阐述城市工业与环保的联系。材料上选择园区内原有的耐侯钢作为外层装饰，墨绿色的反光玻璃；让可持续利用的保理念从外观设计上就充分体验。并且在外墙上印上展览主题的字海，又为这栋建筑添加了许多时尚的视觉效果。

正视图

侧视图

顶视图

建筑类型：旧房改造
建筑尺度：50m x 20m（长、宽）
地坪面积：864
有效高度：8.9m

作品名称：世博儿童自然博物馆设计
作者：王争

吉祥物展示区效果图

作品名称：宝玑手表旗舰店设计

作者：邹明智

入选作品 学生组

建筑外观

整个建筑外观利用其标志"指针"的元素，将其元素规则性排列，块与块的转折、切割，围合成一个现代时尚的空间外观。纯净的白色，成为了装点主体建筑的主色调，打破产品自身的繁重感，几近全通透的玻璃窗墙，极好的满足了建筑内部采光通风与建筑节能的需求。

一楼现代系列展区金属色，圆展台，加上体块展架，互相映衬与结合，让充满了体块感的空间增添些许柔和美，缓和了体块带给人的凌立感，增强了节奏动感。

作品名称：悬浮车站设计
作者：刘小龙

侧面

正面

侧面

作品名称：李小龙故居改造纪念馆设计
作者：陈世文

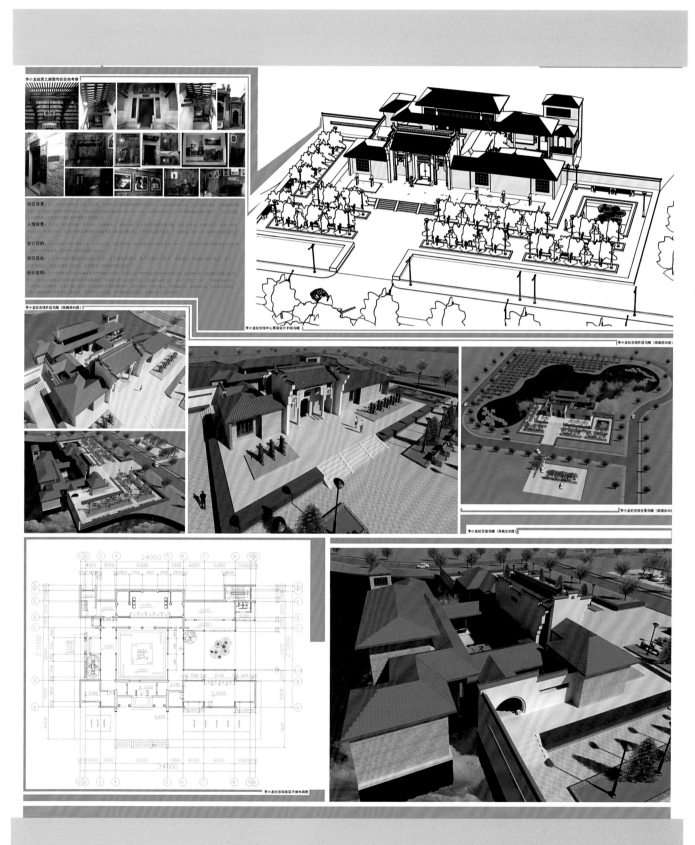

入选作品　学生组

作品名称：香奈儿旗舰店设计

作者：吴翠青

店面设计：
本旗舰店设计的灵感来自于平面装饰中标志性黑、白与金色的元素，因此，商店的门头采用了金色马赛克作为装饰，完美的结合CHANEL产品的特色、风格优雅、高调奢华、简洁而大方。

一层内部空间延续了珠宝饰品品牌的主流色调，再次与品牌风格相契合，打造一个与其不一样的独特空间，风格优雅、自然流畅、高调奢华、简洁大方，让人置身于时尚的品品生活空间，享受其带来的愉悦感，该商店内设有不同单元，在金色马赛克风格的装饰下熠熠生辉

旗舰店二层（VIP）设计：

二层采用的设计手法相对比较时尚、优雅等方式来体现CHANEL VIP层的产品特色。

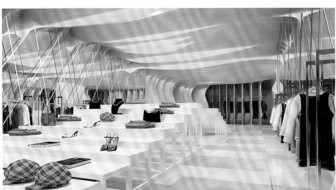

作品名称：为你写诗——川西林盘示范点概念设计
作者：杨潇

入选作品　学生组

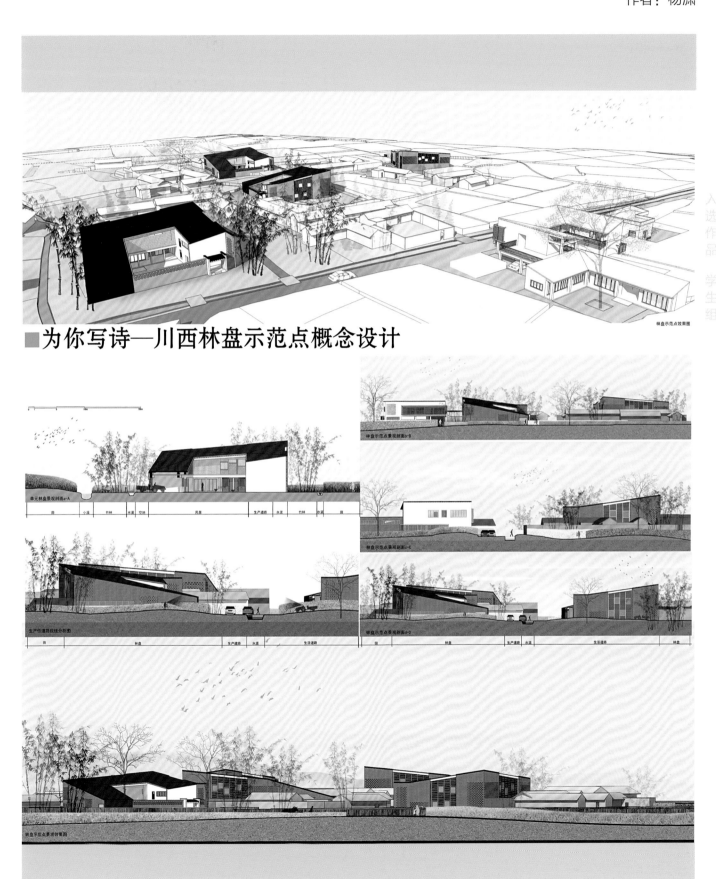

■为你写诗—川西林盘示范点概念设计

作品名称："老家"重生
作者：罗灵

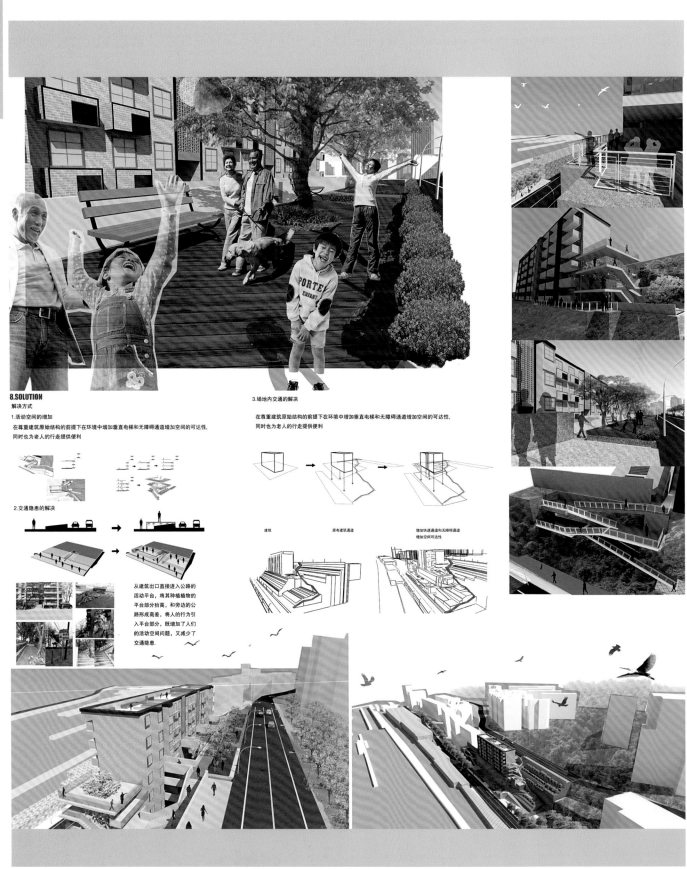

8.SOLUTION

解决方式

1.活动空间的增加

在尊重建筑原始结构的前提下在环境中增加垂直电梯和无障碍通道增加空间的可达性，同时也为老人的行走提供便利

2.交通隐患的解决

3.场地内交通的解决

在尊重建筑原始结构的前提下在环境中增加垂直电梯和无障碍通道增加空间的可达性，同时也为老人的行走提供便利

建筑　　　　　原有建筑通道　　　　增加快速通道和无障碍通道
增加空间可达性

从建筑出口直接进入公路的活动平台，将其种植植物的平台部分抬高，和旁边的公路形成高差，将人的行为引入平台部分，既增加了人们的活动空间问题，又减少了交通隐患。

作品名称：钢魂——时光潋韵会所设计
作者：党鑫　李萍萍　杜斯思　龙国跃

作品名称：重构生命体
作者：杜欣波　黄婷玉　莎日娜

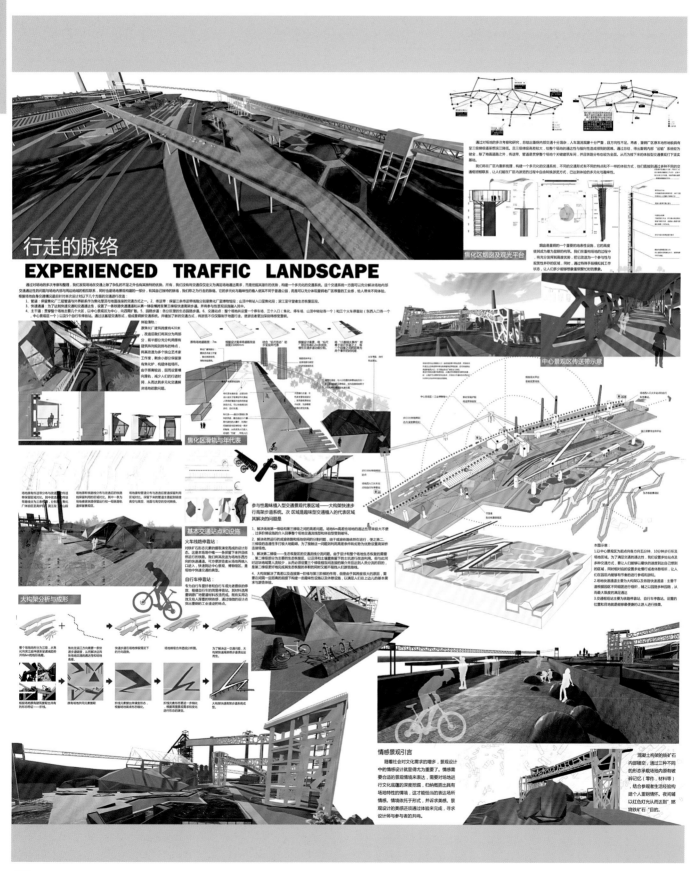

行走的脉络

EXPERIENCED TRAFFIC LANDSCAPE

作品名称：绿舟·绿洲——重庆生态立体空间改造设计
作者：王海涛　晏榕雪

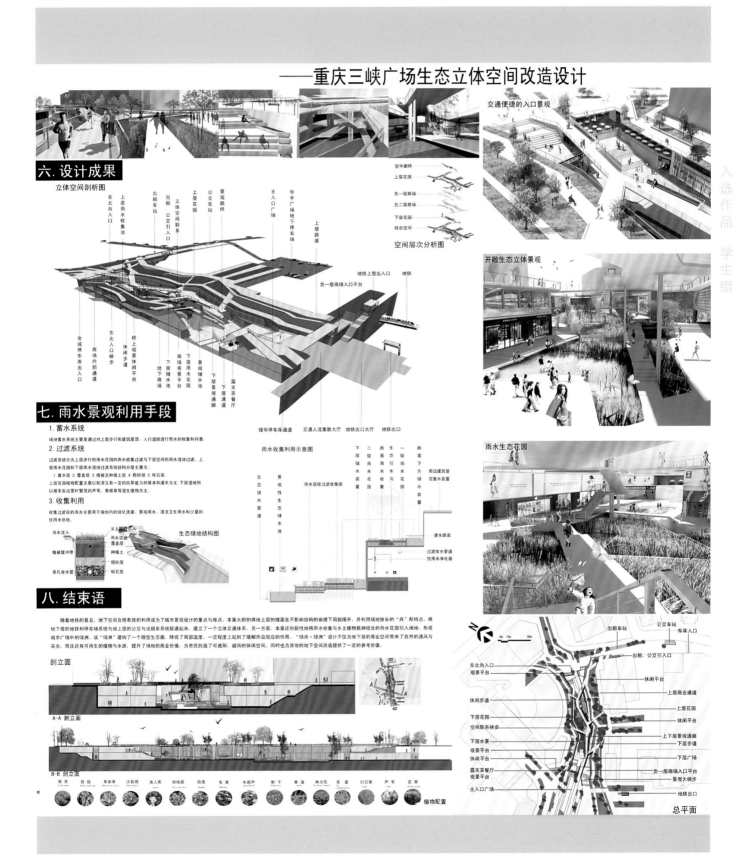

——重庆三峡广场生态立体空间改造设计

六. 设计成果

立体空间剖析图

空间层次分析图

七. 雨水景观利用手段

1. 蓄水系统

场地蓄水系统主要是通过对上层步行街建筑屋顶、人行道路进行雨水的收集和存蓄。

2. 过滤系统

过滤系统分为上层步行街雨水花园的雨水收集过滤与下层空间的雨水湿地过滤，上层雨水花园和下层雨水湿地过滤系统结构分层主要为：

1. 蓄水层 2. 覆盖层 3. 植被及种植土 4. 粗砂层 5. 砾石层。

上层花园植物配置主要以耐涝又有一定的抗旱能力的草本和灌木为主。下层湿地则以根系发达茂叶茂盛的芦苇、香根草等湿生植物为主。

3. 收集利用

收集过滤后的雨水主要用于场地内的绿化浇灌、景观用水、清洁卫生用水和少量的饮用水供给。

生态绿地结构图

雨水收集利用示意图

八. 结束语

随着地铁的普及，地下空间合理有效的利用成为了城市景观设计的重点与难点。本案大胆的将地上层的楼面在不影响结构的前提下局部揭开，并利用场地被长的"舟"形特点，将地下层的地铁和停车场系统与地上层的公交与出租车系统联通起来，建立了一个立体交通体系。另一方面，本案还创新性地将雨水收集与乡土植物栽种结合的雨水花园引入场地，形成城市广场中的绿洲。该"绿洲"建构了一个微观生态圈，降低了局部温度，一定程度上起到了缓解热岛效应的作用。"绿舟·绿洲"设计不仅为地下的商业空间带来了自然的通风与采光，而且还有可再生的植物与水源，提升了场地的商业价值，为市民创造了可遮阳、避雨的休闲空间，同时也为其他的地下空间改造提供了一定的参考价值。

剖立面

A-A 剖立面

B-B 剖立面

植物配置

交通便捷的入口景观

开敞生态立体景观

雨水生态花园

总平面

作品名称：汇水·重生——重庆九龙坡发电厂湿地景观改造
作者：路李霞

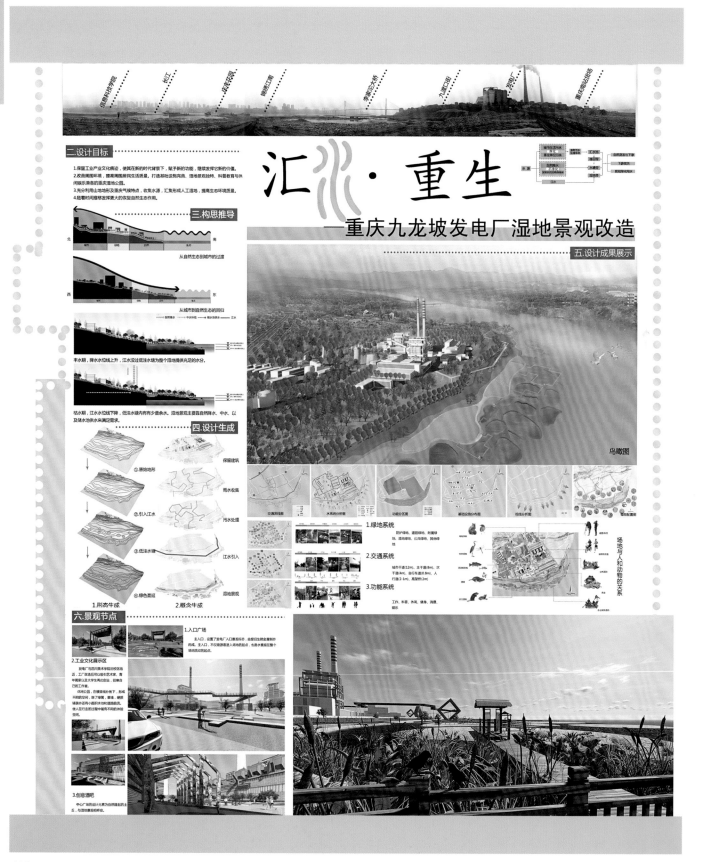

作品名称：最后的穴居部落
作者：赵翼飞　黄莹

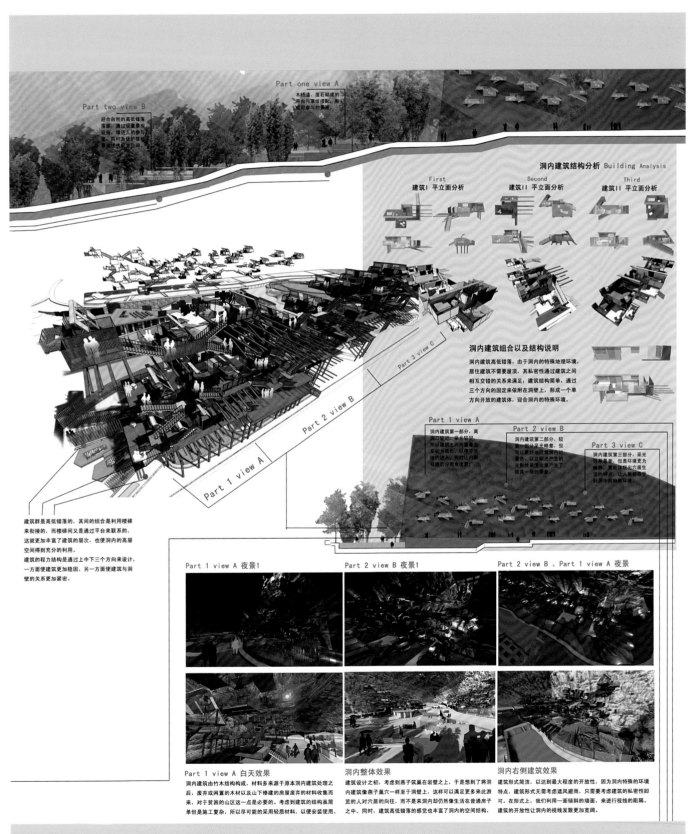

Part one view A

木栈道、废石明成的平台与草坡搭配，形成可参与的景观。

Part two view B

迎合自然的高低错落落感，通过设置景观设施，增进人的参与度，同时为保护植被景观提供安全空间。

洞内建筑结构分析 Building Analysis

First
建筑I 平立面分析

Second
建筑II 平立面分析

Third
建筑III 平立面分析

洞内建筑组合以及结构说明

洞内建筑高低错落，由于洞内的特殊地理环境，居住建筑不需要屋顶，其私密性通过建筑之间相互交错的关系来满足；建筑结构简单，通过三个方向的固定来依附在洞壁上，形成一个单方向开放的建筑体，迎合洞内的特殊环境。

Part 3 view C

Part 2 view B

Part 1 view A

Part 1 view A
洞内建筑第一部分，离洞口较近，采光较好，所以建筑之间的叠叠关系偏为疏松，以便于光线的进入，同时让内部视线的分离角度更广。

Part 2 view B
洞内建筑第二部分，较第一部分采光略差，但可以更好地给营造洞内的意象，以及因光产生的光点效果正这里产生了独具一格的景象。

Part 3 view C
洞内建筑第三部分，采光效果最差，但是环境更为幽静，更能体现出穴居生活的特点，让人能够感受到洞内的特殊环境。

建筑群是高低错落的，其间的组合是利用楼梯来衔接的，而楼梯间又是通过平台来联系的，这样更加丰富了建筑的层次，也使洞内的高层空间得到充分的利用。
建筑的程力结构是通过上中下三个方向来设计，一方面使建筑更加稳固，另一方面使建筑与洞壁的关系更加紧密。

Part 1 view A 夜景1

Part 2 view B 夜景1

Part 2 view B 、Part 1 view A 夜景

Part 1 view A 白天效果
洞内建筑由竹木结构构成，材料多来源于原本洞内建筑处理之后，废弃或闲置的木材以及山下修建的房屋废弃的材料收集而来，对于贫困的山区这一点是必要的。考虑到建筑的结构虽简单但是施工复杂，所以尽可能的采用轻质材料，以便安装使用。

洞内整体效果
建筑设计之初，考虑到燕子筑巢在岩壁之上，于是想到了将洞内建筑像燕子巢穴一样至于洞壁上，这样可以满足更多来此游览的人对穴居的向往，而不是来洞内却仍然像生活在普通房子之中。同时，建筑高低错落的感觉也丰富了洞内的空间结构。

洞内右侧建筑效果
因为洞内特殊的环境特点，建筑形式无需考虑遮风避雨，只需要考虑建筑的私密性即可。在形式上，我们利用一面倾斜的墙面，来进行视线的阻隔。建筑的开放性让洞内的视线发散更加宽阔。

作品名称：城市慢行轨道系统——废旧铁路改造
作者：董璟　朱晶晶

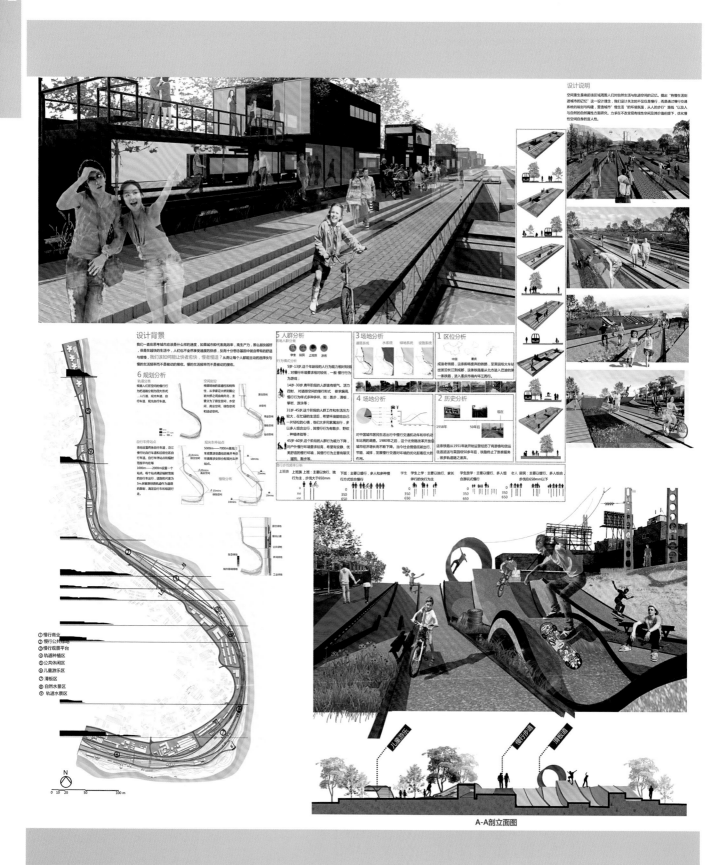

A-A剖立面图

作品名称：都市盆景——重庆市十八梯旧城改造
作者：陈申　刘檬

形小相大，即在有限的xx世界裏用有限的形去表現無限大的相。重慶的建築與景觀是建立在山地地形上的垂直建造模式，這是没有平原地勢建造建築的一種變通。濃縮的重慶，重生的十八梯，形小相大，都是重慶的風格，都是重慶的精髓。故本人從形式上的和精神上的形小相大來體現重生十八梯所表現出來無限大的重慶相。對于十八梯的感情更多的是上一輩上一輩的事情了，隨着十八梯的拆遷，過去的點點滴滴都會變成回憶，這次的設計爲什麽要把重慶的風格一點一點的做進去呢，保留這裏的店鋪和商家，在保留部分傳統運營模式的情況下稍作現代化的改變，但是理發店還是那樣理發，李草藥還是那樣用葉子裝草藥，影像店還是那樣放着老電影，一個個老招牌和陣陣麻將聲。這些氣味都要保留下來，這才是十八梯。重生的十八梯給予的是人們對于老重慶的思念，在這裏你能感受到新生的重慶和過去的重慶和諧共處的一個獨特風格，身處十八梯仿佛穿越在過去與今日。重生的十八梯要擔負起重慶老城的思念，這份思念要讓新的一代傳承下去，對他們的後代述説十八梯的種種感動。

1. 第一層為保留下來的梯步作爲主要的交通手段
2. 第二層爲連接各個吊腳樓2~3層的廊道，廊道的作用主要是擴大了街區的商業面積和步行選擇，多層次的行走路綫是重慶的特色。
3. 第三層從製園茶社開始下回水溝街結束的索道，此索道主要用作觀光用，在空中譜寫重慶的記憶。

中興路到十八梯商入口處交通不便，人們通馬路非常不便，故綫計了連接天橋伯屬十八梯的入中，既有了非常明顯的地標性建築物也滿足了交通的便利，爲一舉兩得之事。

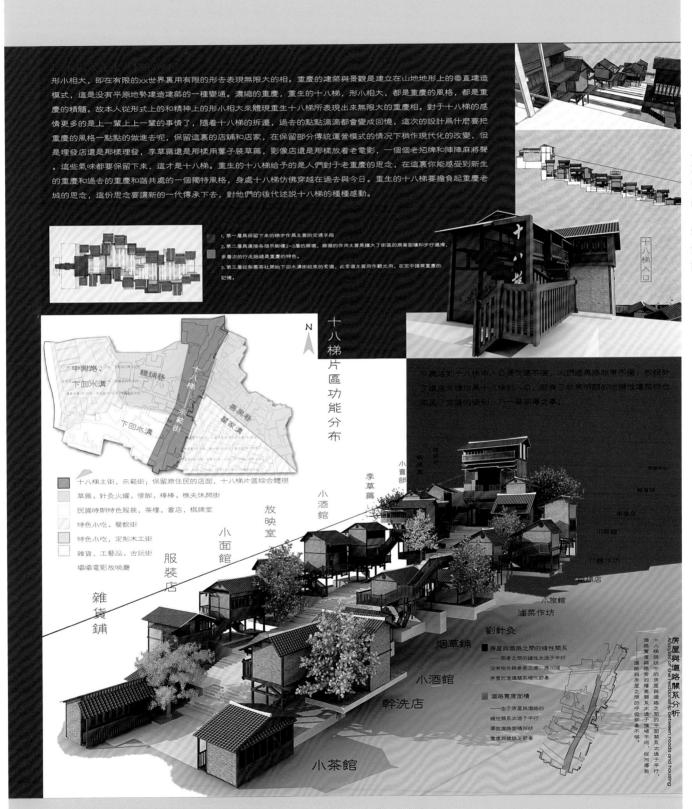

十八梯片區功能分布

中興路、下回水溝

韓鋪巷

十八梯

下回水溝

十八梯示範街

姜果巷

翟家溝

N

■ 十八梯主街，示範街；保留原住民的店面，十八梯片區綜合體現
　草藥，針灸火罐、修脚、棒棒，樵夫休閒街
　民國時期特色服裝，茶樓，書店，棋牌室
　特色小吃、餐飲街
　特色小吃，定制木工街
□ 雜貨，工藝品、古玩街壩壩電影放映廳

雜貨鋪

服裝店

小面館

放映室

小酒館

李草藥

小賣部

烟草鋪

小酒館

幹洗店

小茶館

劉針灸

滷菜作坊

小旅館

房屋與道路關系分析
Analysis of the relationship between roads and housing

■ 房屋與道路之間的綫性關系
—— 兩者之間的綫性太過于平行
没有交合與參差之感，房屋的改造連系增加節奏

■ 道路寬度面積
—— 由于房屋與道路的綫性關系太過于平行導致道路面積形狀寬度同模樣主要節奏

十八梯現狀中的房屋與道路之間的平面關系太過于平行，道路寬度與路寬的樣高關系太遇于攤平均，從而導致道路與房屋之間的序遞節奏部奏不够。

作品名称：回归：申遗古村落的保护与发展——以阿者科村的生态回归为例
作者：黄秋韵　殷明　李源　郝天娇　谷博轩

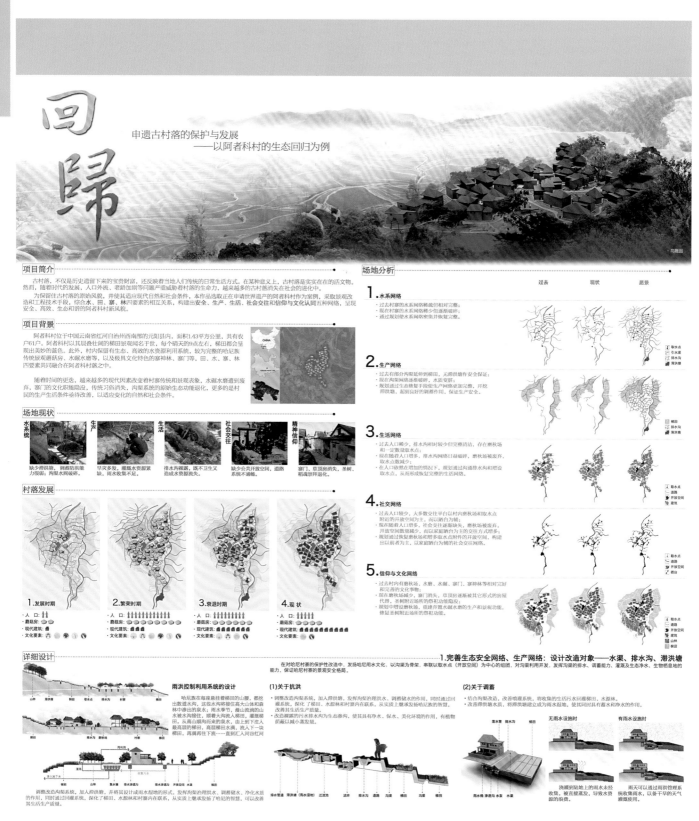

申遗古村落的保护与发展
——以阿者科村的生态回归为例

项目简介

　　古村落，不仅是历史遗留下来的宝贵财富，还反映着当地人们传统的日常生活方式。在某种意义上，古村落是实实在在的活文物。然而，随着时代的发展，人口外流、老龄加剧等问题严重威胁着村落的生命力，越来越多的村落消失在社会的进化中。

　　为保留住古村落的源初风貌，并使其适应现代自然和社会条件，本作品选取正在申请世界遗产的阿者科村作为案例，采取景观改造和工程技术手段，综合水、田、寨、林四要素的相互关系，构建出安全、生产、生活、社会交往和信仰与文化认同五种网络，呈现安全、高效、美观和谐的阿者科村落新风貌。

项目背景

　　阿者科村位于中国云南省红河自治州西南部的元阳县内，面积1.43平方公里，共有农户61户。阿者科村以其层叠壮丽的梯田景观闻名于世，每个晴天的点左右，梯田郡会呈现出美妙的蓝色。此外，村内保留有生态、高效的水资源利用系统，较为完整的哈尼族传统景观蘑菇房、水碾水磨等，以及极具特色的寨神林、寨门等，田、水、寨、林四要素其同融合在阿者科村落之中。

　　随着时间的变迁，越来越多的现代因素改变着村落传统和景观表象，水碾水磨遭到废弃，寨门的文化属性隐没，传统习俗消失，沟渠系统的原始生态功能退化，更多的是村民的生产生活条件亟待改善，以适应变化的自然和社会条件。

场地现状

水系系统 / 生产 / 生活 / 社会交往 / 精神信仰

缺少滞洪塘、调蓄防洪能力很弱；沟渠水磨破碎。

旱灾多发，灌溉水资源紧缺，雨水收集不足。

排水沟裸露，既不卫生又造成水资源消失。

缺少公共开放空间，道路系统不通畅。

寨门、草顶房消失，圣树、稻瑰崇拜弱化。

村落发展

1.发展时期
人口：
蘑菇房：
现代建筑：
文化要素：

2.繁荣时期
人口：
蘑菇房：
现代建筑：
文化要素：

3.衰退时期
人口：
蘑菇房：
现代建筑：
文化要素：

4.现状
人口：
蘑菇房：
现代建筑：
文化要素：

场地分析

过去　现状　愿景

1.水系网络
· 过去村寨内水系网络稀疏但相对完整；
· 现在村寨而水系网络稀疏但逐渐破碎；
· 通过规划使水系网络密集恢复完整。

取水点 / 引水渠 / 排水沟 / 蓄洪塘

2.生产网络
· 过去有部分沟渠延伸到梯田，无滞洪塘作安全保证；
· 现在沟渠网络逐渐破碎，水质变差；
· 规划通过生态修复手段使生产网络更加完整，开挖滞洪塘，起到与保护的调蓄作用，促进生产安全。

梯田 / 排水沟 / 滞洪塘

3.生活网络
· 过去人口稀少，排水沟网络相对较少但完整清洁，存在磨秋场和一定数量取水点；
· 现在随着人口增多，排水沟网络日益破碎，磨秋场被废弃，取水点缺减少；
· 在人口散增多的情况下，规划通过沟通排水沟和增设取水点，从而形成恢复完整的生活网络。

取水点 / 道路 / 开放空间 / 建筑

4.社交网络
· 过去人口稀少，大多数交往平台以村内磨秋场和取水点附近的开放空间为主，而以路台为辅；
· 现在随着人口增多，社会交往逐渐消失，磨秋场和开放空间数量减少，而以家庭晒台为主的交往方式增多；
· 规划通过恢复磨秋场和增多取水点的开放空间，构建出以前者为主、以家庭晒台为辅的社会交往网络。

取水点 / 道路 / 开放空间 / 晒台

5.信仰与文化网络
· 过去村内有磨秋场、水磨、水碾、寨门、寨神林等相对完好和完善的文化事物；
· 现在磨秋场减少，寨门消失，草顶房渐被其它形式的房屋代替，圣树附近场所的祭祀功能消没；
· 规划中增设磨秋场，继续恢复生产水碾水磨的生产和景观功能，修复圣树附近场所的祭祀功能。

取水点 / 道路 / 开放空间 / 山林 / 建筑

详细设计

雨洪控制利用系统的设计

　　哈尼族为每座悬挂着梯田的山腰，都挖出水利灌溉系统。这座水网将绵住高大山体和森林中渗出的泉水；雨水季节，漫山流淌的山水通过水网接住；随着大雨流，承载的梯田，从高山顺沟而出的泉水，由上到下注入最高层的梯田，高层梯田水满，再流再往下流······直到汇入河谷红河。

　　调整改造沟渠系统，加入滞洪塘，并将其设计成雨水起源的形式，发挥沟渠的排水、调蓄储水、净化水质作用，同时通过滞洪塘的作用，深化了梯田、水源林和村寨间的联系，从实质上承续着哈尼的智慧，以改善其生态生产质量。

1.完善生态安全网络、生产网络：设计改造对象——水渠、排水沟、滞洪塘

　　在对哈尼村寨的保护性改造中，发扬哈尼用水文化，以沟渠为骨架，串取以取水点（开放空间）为中心的组团，对沟渠利用开发，发挥沟渠的排水、调蓄能力、灌溉及生态净水、生物栖息地的能力，保证哈尼村寨的景观安全格局。

(1)关于抗洪

　　调整改造沟渠系统，加入滞洪塘，发挥沟渠的泄洪水、调蓄储水的作用，同时通过回灌系统，深化了梯田、水源林和村寨间的联系，从实质上承载着哈尼族的智慧，改善其生活生产质量。

　　在沟渠露新的污水排水作为生态渗沟，使其具有净水、保水、美化环境的作用，有植物的藏以减少蒸发量。

(2)关于调蓄

　　结合沟渠改造，改善喷灌系统，将收集的生活污水回灌梯田、水源林。

　　改善滞洪塘水系，将滞洪塘建设成为雨水起源，使其同时具有蓄水净水的作用。

无雨水设施时　有雨水设施时

浇灌到陆地上的雨水未经收集，被直接蒸发，导致水资源的浪费。

雨水可以通过雨洪管理系统收集储备，以备干旱的天气灌溉使用。

作品名称：O态 文化创意产业园——概念设计
作者：张坤

作品名称：不拘"衣"格——服装概念体验店
作者：尹春然

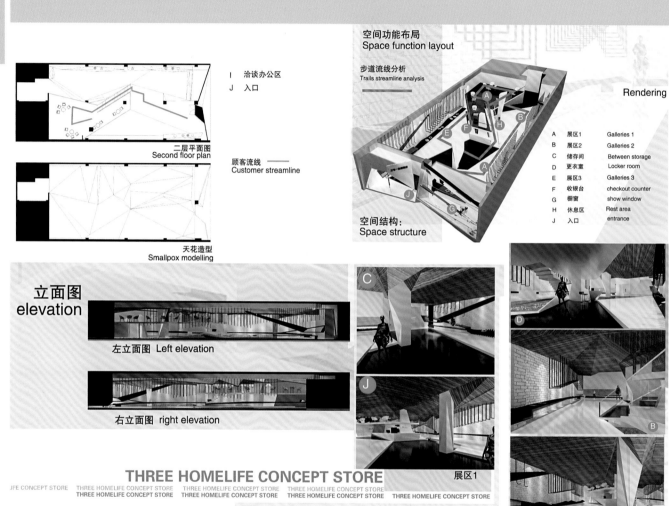

二层平面图
Second floor plan

天花造型
Smallpox modelling

I 洽谈办公区
J 入口

顾客流线
Customer streamline

空间功能布局
Space function layout

步道流线分析
Trails streamline analysis

Rendering

A 展区1　　Galleries 1
B 展区2　　Galleries 2
C 储存间　　Between storage
D 更衣室　　Locker room
E 展区3　　Galleries 3
F 收银台　　checkout counter
G 橱窗　　　show window
H 休息区　　Rest area
J 入口　　　entrance

空间结构：
Space structure

立面图
elevation

左立面图　Left elevation

右立面图　right elevation

展区1

THREE HOMELIFE CONCEPT STORE

让"我们"一起深呼吸

，整体空间的划分及展台造型通过折纸对"褶"的表达。
The scheme design inspiration comes from the fold paper, ratio of the ambassador to but more powerful space, ground through the direction of change-inch expression on the smallpox modelling, the ground through the elevation of the direction of change-inch expression on the elevation, and booth modelling through the crease on "knit" expression, combined with three home life clothing itself with the temperament of deconstruction features, is inherent to the clothing temperament of expression.

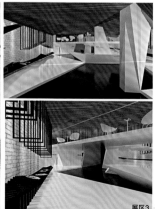

展区3

我们生活在快节奏高效率的社会，我们没有太多的时 停歇脚步打理衣服。
我们需要外出，打理衣服让我们头痛。
我们需要随时都可以穿的、便于旅行的、好保管的、轻松舒适的服装。
我们希望衣服可以随意一卷，揉绑成团，要穿时打开来依然是平整如新。
我们希望一件衣服有不同的穿着方法，同时我们希望它可再生和有创新。

空间结构分析：
Elevation structure decomposition

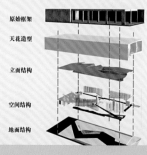

原始框架
天花造型
立面结构
空间结构
地面结构

作品名称：梦归源 ——山西平遥县陆乡村小学设计
作者：李吉

作品名称：荆州博物馆
作者：雷汀

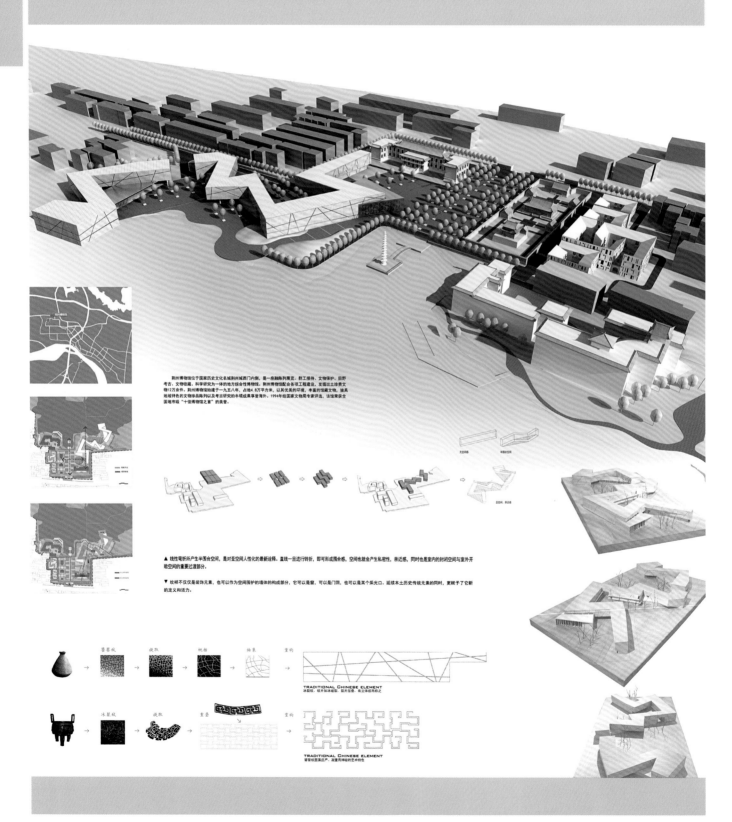

荆州博物馆位于国家历史文化名城荆州城西门内侧，是一座融陈列展览、群工接待、文物保护、田野考古、文物收藏、科学研究为一体的地方综合性博物馆。荆州博物馆配合各项工程建设，发掘出土珍贵文物12万余件。荆州博物馆始建于一九五八年，占地4.8万平方米，以其优美的环境，丰富的馆藏文物，独具地域特色的文物珍品陈列以及考古研究的丰硕成果享誉海外。1994年经国家文物局专家评选，该馆荣获全国地市级"十佳博物馆之首"的美誉。

▲ 线性弯折所产生半围合空间，是对空间人性化的最新诠释。直线一旦进行转折，即可形成围合感，空间也就会产生私密性、亲近感，同时也是室内的封闭空间与室外开敞空间的重要过渡部分。

▼ 纹样不仅仅是装饰元素，也可以作为空间围护的墙体的构成部分，它可以是窗，可以是门洞，也可以是某个采光口。延续本土历史传统元素的同时，更赋予了它新的定义和活力。

TRADITIONAL CHINESE ELEMENT
冰裂纹、玻片如冰碎叠，有立体陈列称之

TRADITIONAL CHINESE ELEMENT
窃曲纹源于庄严、凝重有神秘的艺术特色

作品名称：台北影像

作者：陈昕　张云龙　詹昊　胡沛东　李坚

入选作品　学生组

色彩成为最醒目的元素，通过不同的色彩，规格的玻璃外表皮材料，简单的建筑体块表达出了丰富的内容。

大尺寸的建筑构件形成强烈的视觉冲击力，同时朴实的白色脱去周围浮躁的氛围。

红　白　黑

三不色调在这里融合在一起，白色高雅，红色热情，黑色神秘。

在这里我们更多的考虑是新"，原有的建筑外形基本被完全舍弃，只留下了基本的结构，通过这种大胆的革新产生了更加丰富的空间与视觉冲击力。

作品名称："味"不足道蜂巢主题环保餐厅
作者：石砚侨

作品名称："布"一样的空间

作者：王昌青

入选作品　学生组

"布"一样的空间
CLOTH LIKE SPACE

空间布置解析

一进入门厅，来访者立刻被一个7米长悬挂的布帘雕塑所吸引，后部件由女性的形态演变而来，展现出完美的空间关系，沿着脚下的石子路来到体验区。首先巨大的LED视觉吸引顾客在这里驻足，在这里拥有最前沿的服装样式，最新的潮流展示，让每位顾客的消费欲求更加强烈。然后进入可以走到休憩区坐下休憩，这样可以缓解消费者购物的疲劳，陪同购物的人员也可以稍事休憩，顾客可以在这里喝喝咖啡、阅谈、看看服装展示，享受消费的乐趣无形当中提高消费的品味和档次。最后进入收银台展示区，这里为顾客提供品牌展示、顾客服务、服务台正对试衣区。这里是仿英国馆的形式设计的，表面上去和线一样诱访客以戊开进入，这时自己想要试穿的衣服自动就会展示在自己身上，让顾客一目了然。

SPATIAL LAYOUT ANALYSIS

ENTERED THE HALL, VISITORS IMMEDIATELY BY A 7 METRE LONG HANGING CURTAIN SCULPTURE ATTRACTED, WHICH IS COMPOSED OF THE FEMALE FORM EVOLVED, SHOW A BEAUTIFUL SPACE RELATIONSHIP. ALONG THE FOOT OF THE GRAVEL TO THE EXPERIENCE AREA, FIRST LARGE LED SCREEN TO ATTRACT CUSTOMERS TO STOP HERE, HERE WILL BE AT THE FOREFRONT OF FASHION, THE LATEST TREND DISPLAY, SO THAT EACH CUSTOMER'S CONSUMPTION DESIRE IS MORE INTENSE. THEY CAN THEN GO REST AREA TO SIT DOWN AND REST, THIS CAN EASE CONSUMERS SHOPPING FATIGUE, ACCOMPANIED SHOPPING PERSONNEL CAN ALSO TAKE A BREAK, CUSTOMERS CAN HAVE A CUP OF COFFEE, CHAT, WATCH FASHION SHOW, ENJOY CONSUMING PLEASURES INVISIBLE, INCREASING THE CONSUMPTION OF TASTE AND QUALITY. FINALLY ENTERED THE CASHIER DISPLAY AREA, HERE TO PROVIDE CUSTOMERS WITH BRAND DISPLAY, CUSTOMER SERVICE. THE SERVICE STATION IS THE FITTING AREA, HERE IS MODELLED ON THE BRITISH MUSEUM FORM DESIGN, LOOKS AND LINES LIKE GU VISITORS TO POKE INTO, THEN YOU WANT TO TRY ON CLOTHES AUTOMATICALLY DISPLAY IN MY BODY, LET CUSTOMERS STICK OUT A MILE.

节点图 NODE DIAGRAM

解析图 THE PARSE GRAPH

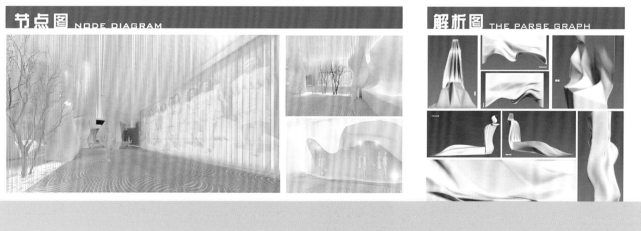

作品名称：冷暖气象体验馆
作者：韩晓玮

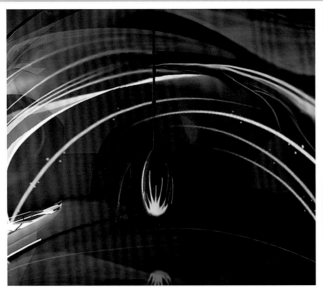
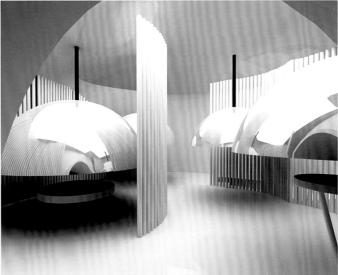

作品名称：影像留生—— 电影博物馆设计

作者：屈沫

设计说明　长春素以电影文化城著称，将地域文化注入建筑的设计理念中，以电影为主题进行博物馆设计，对多元化视听的放映模式进行展示。建筑体设计的灵感来源于电影胶片与胶片盒的关系，形成有规有矩的方圆空间，圆形胶片卷由方形体块中提拉，切割建筑空间也构成建筑外观形态。"胶片"散落而成，形成三个体块空间交错的展示空间，顺势由展板折下入口空间。将规则的原始外墙打破，不仅通透了沉闷的空间，也延展出更多的虚实混杂的空间，让静态的空间动态化。让视听空间设计，展示影像的无穷魅力。建筑中上下空间的关系，由金属提拉架构起的上下空间通道，依托整体建筑的形态走势，整体呈弧线形盘旋上升，体现空间的通透。将景观水池引入室内，流动的水给建筑空间增添了灵动的活力。根据长春四季分明的自然气候，方案中水体采用冷热水循环系统，夏季冷水循环系统，用更生态的原理降低馆内温度，冬季地下热水循环，调节馆内温度。从而减少资源的浪费，节能减排。

影像体验空间　随着技术的发展，观影模式的向前推进，电影已经不再是投映在单一屏幕等待人们观看，而是以更多维的模式，吸引人们主动来体验以及感受。水幕电影，感受着电影的动态体验；球幕电影，使观者置身于影像的海洋，享受漂浮其中的乐趣；3D电影，使其身临其境的融入其中……展现在影院空间具有特殊功能以及光照深度的局限性，欲达到光制深度又不是通透的视觉感受，全属方体座椅下四分之一处，选用半透明的材质，体块内布满灯光点与灯照，整体现列的座椅群体，用光来削弱金属的沉重感，将体块提升空间。球幕影院其银幕环绕于观客周身，无数钢柱环形矩阵列在玻璃平台之下，更显球幕底部的深邃，增添电影的神秘。环幕影院让观者感受水上观影的影像体验。

自然环境　长春自然气候四季分明，净月生态城素有"暗嚣都市中的净土"的美誉。开发区依托自然资源和产业发展优势，整合历史文化、影视文化、汽车文化、冰雪文化、生态文化以及农业文化等众多资源，来展示长春的文化。

长春特色经济　长春电影制片厂是全国最大的电影制片厂之一，是中国大型综合性电影制片厂。1946年广以来，一度视为长春的标志性产业。长影世纪城是我国首家电影制片工业与旅游业相结合的电影主题公园。堪称东方好莱坞。长影世纪城影视文化主题鲜明突出，它具有丰富的电影文化和底蕴文化内涵，以影视为载体，揭开电影制作的神秘面纱。

社会人文环境　毗邻大学城，有着浓郁的文化底蕴；南与长影世纪城接壤，展现地域经济文化。结合当地具有代表性的经济产业以及人文特点，将地域文化注入建筑的设计理念中。

作品名称：穿行·时尚　Rick Owens 品牌服饰店空间设计
作者：屈沫

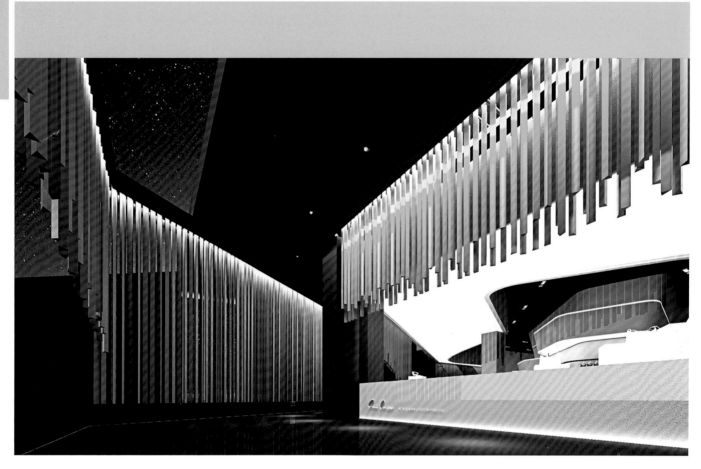

穿行·时尚

Rick Owens **Rick Owens 品牌服饰店空间设计**

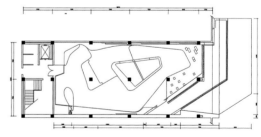

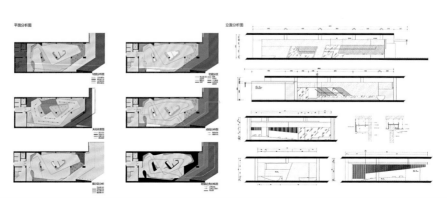

作品名称：绿色·重生——上海苏州河畔新渡口居民区改造设计

作者：朱清松

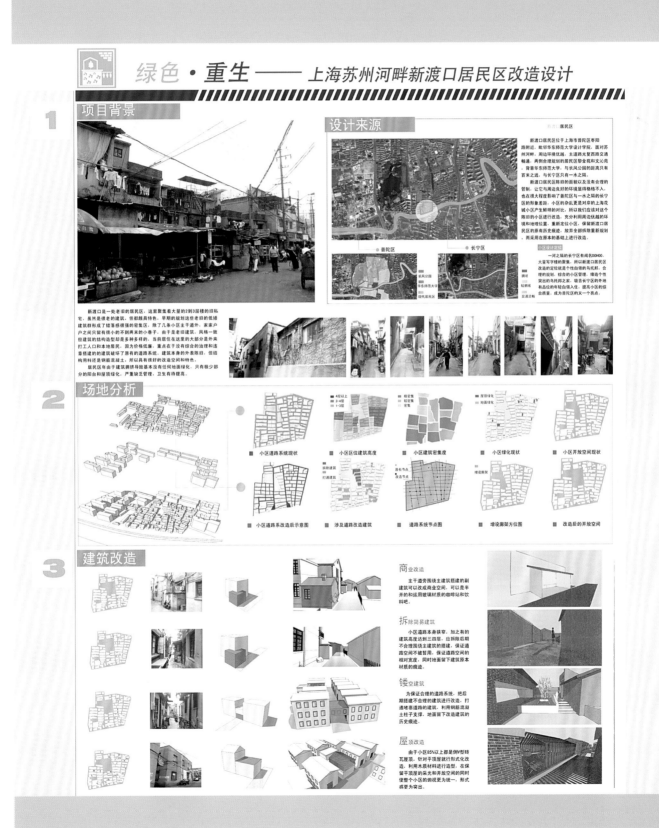

作品名称：古道咖啡屋书吧公共建筑空间设计方案

作者：朱静　朱瑞玥　姜龙

咖啡屋吧台设计效果图

大厅散座区效果图

书吧效果图

古道咖啡厅庭院效果图

作品名称：雨水公园
作者：杨天人

入选作品 学生组

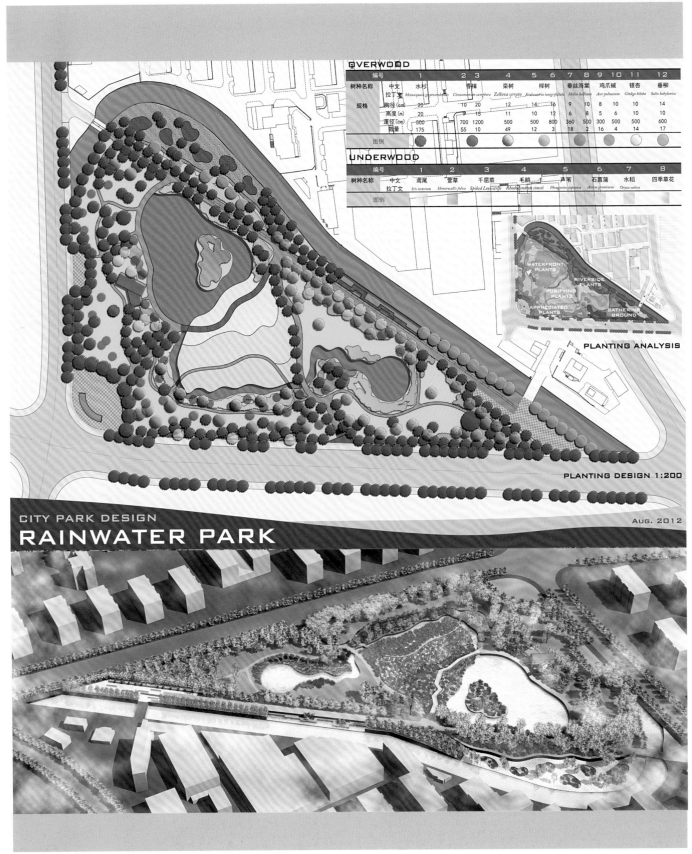

OVERWOOD 编号		1	2	3	4	5	6	7	8	9	10	11	12
树种名称	中文	水杉		香樟	栾树	榉树		垂丝海棠	鸡爪槭		银杏		垂柳
	拉丁文	Metasequoia glyptostroboides		Cinnamomum camphora	Zelkova serrata	Koelreuteria integrifolia		Malus halliana	Acer palmatum		Ginkgo biloba		Salix babylonica
规格	胸径(cm)	20		10	20	12	14	16	10	8	10	10		14
	高度(m)	20		15		10	12		6	8	5	10		10
	蓬径(cm)	500		700	1200	500	500	800	360	500	300	500		600
数量		175		55	10	49	12	3	18	2	16	4		14	17

UNDERWOOD 编号		1	2	3	4	5	6	7	8
树种名称	中文	鸢尾	萱草	千屈菜	毛鹃	芦苇	石菖蒲	水稻	四季草花
	拉丁文	Iris tectorum	Hemerocallis fulva	Spiked Loosestrife	Rhododendron simsii	Phragmites japonica	Acirus gramineus	Oryza sativa	

PLANTING ANALYSIS

PLANTING DESIGN 1:200

CITY PARK DESIGN
RAINWATER PARK
AUG. 2012

211

作品名称：自得其乐

作者：杨雨倩　朱文佳　傅慧

作品名称：由茧而生
作者：毛慧敏　黄普宸　任凯俐

入选作品　学生组

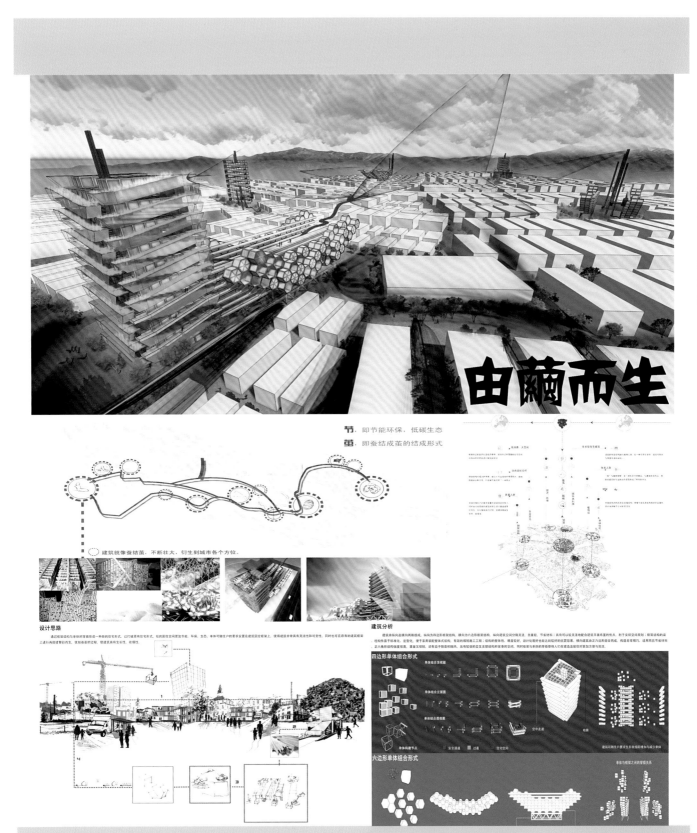

作品名称：四合院改造
作者：白杨　黄静　王亚燃　王一鼎　赵子源

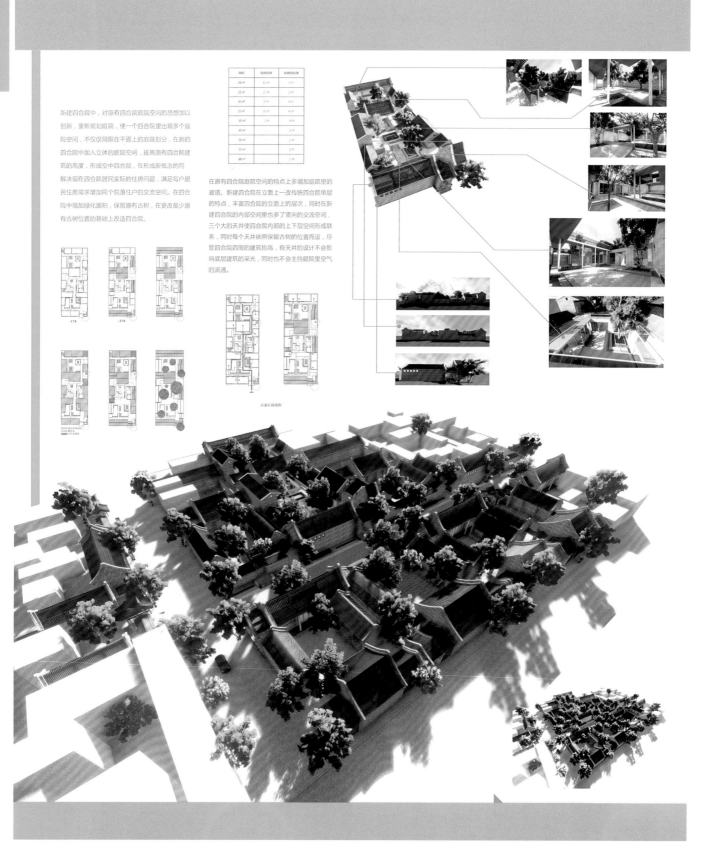

新建四合院中，对原有四合院庭院空间的思想加以创新，重新规划庭院，使一个四合院里出现多个庭院空间，不仅仅局限在平面上的庭院划分，在新的四合院中加入立体的庭院空间，拔高原有四合院建筑的高度，形成空中四合院，在形成新概念的同时解决现在四合院居民实际的住房问题，满足每户居民住房需求增加同个院落住户的交流空间。在四合院中增加绿化面积，保留原有古树，在更改最少原有古树位置的基础上改造四合院。

在原有四合院庭院空间的特点上多增加庭院里的廊道。新建四合院在立面上一改传统四合院单层的特点，丰富四合院的立面上的层次，同时在新建四合院的内部空间里也多了竖向的交流空间，三个大的天井使四合院内部的上下层空间形成联系，同时每个天井依照保留古树的位置而设，尽管四合院四周的建筑抬高，有天井的设计不会影响底层建筑的采光，同时也不会主挡庭院里空气的流通。

作品名称：改造与更新　始兴中学校园环境改造与图书馆设计
作者：林峻标　朱忠鹏　刘学磊　孙艾婷　周晓冰

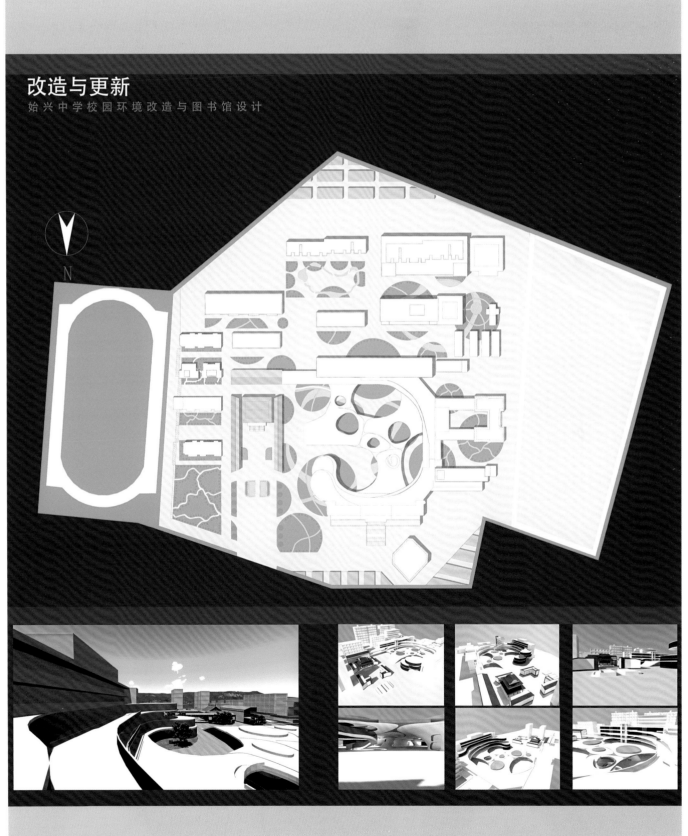

改造与更新
始兴中学校园环境改造与图书馆设计

入选作品　学生组

作品名称：西域土魂——新疆传统生土民居实验性改良设计
作者：张弘逸

设计背景/

新疆生土建筑体系受到东西方文化的影响，有着地域、自然与人文的传统建筑文化形态。本设计作品依托新疆喀什、和田、库车等地的民居形态为蓝本，以新的设计理念和手法实现对新疆生土民居的实验性改良设计。

作品名称：浣溪·叠石
作者：张懿　宋文婷

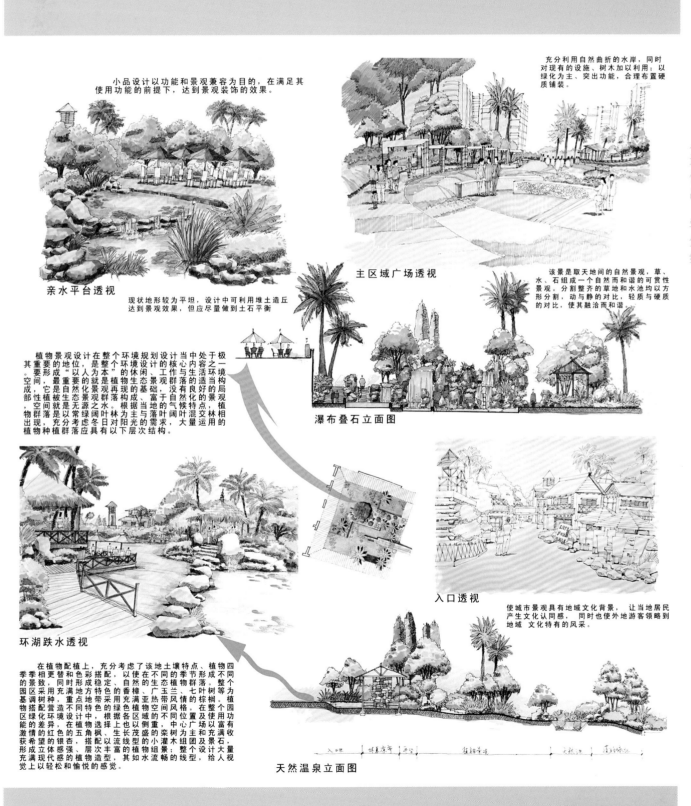

小品设计以功能和景观兼容为目的，在满足其使用功能的前提下，达到景观装饰的效果。

充分利用自然曲折的水岸，同时对现有的设施、树木加以利用；以绿化为主、突出功能，合理布置硬质铺装。

亲水平台透视

现状地形较为平坦，设计中可利用堆土造丘达到景观效果，但应尽量做到土石平衡

主区域广场透视

该景是取天地间的自然景观，草、水、石组成一个自然而和谐的可赏性景观。分割整齐的草地和水池均以方形分割，动与静的对比，轻质与硬质的对比，使其融洽而和谐。

植物景观设计在整个环境规划设计当中处于极其重要的地位，是整个环境设计的核心内容之一。要形成"以人为本"的休闲、工作与生活环境空间，最重要的就是植物生态景观适当的构成，它是自然化景观再现的基础，没有良好的景观局部性植被生态景观群落构成。富于自然化的景观，空间就是无源之水。根据当地的气候特点，植物群落是以常绿阔叶林为主与落叶阔叶混交林相出现，充分考虑冬日对阳光的需求，大量运用的植物种植群落应具有以下层次结构。

瀑布叠石立面图

环湖跌水透视

入口透视

使城市景观具有地域文化背景，让当地居民产生文化认同感，同时也使外地游客领略到地域文化特有的风采。

在植物配植上，充分考虑了该地土壤特点、植物四季相更替和色彩搭配，以使在不同的季节形成不同的景致，同时形成稳定、自然的生态植物群落。整个园区采用充满地方特色的香樟、广玉兰、七叶树等植物作基调树种，重点地带采用充满亚热带风情的棕榈物搭配营造不同特色的绿色植物空间风格。在整个区域环化景观设计使其具有丰富收获的植物园环境，根据各区位置以侧重，中心广场以生长茂盛的栾树为主团及主景区功能的差异，在植物选择上也以栾树大量获希望的银杏，搭配以流线型的小灌木组团及景观石，形成立体感强、层次丰富的植物小景；整个设计大量充满现代感的植物造型，其如水流畅的线型，给人视觉上以轻松和愉悦的感觉。

天然温泉立面图

作品名称：感触空间——哈药总厂景观公共空间规划设计
作者：张丹　席爽　王振

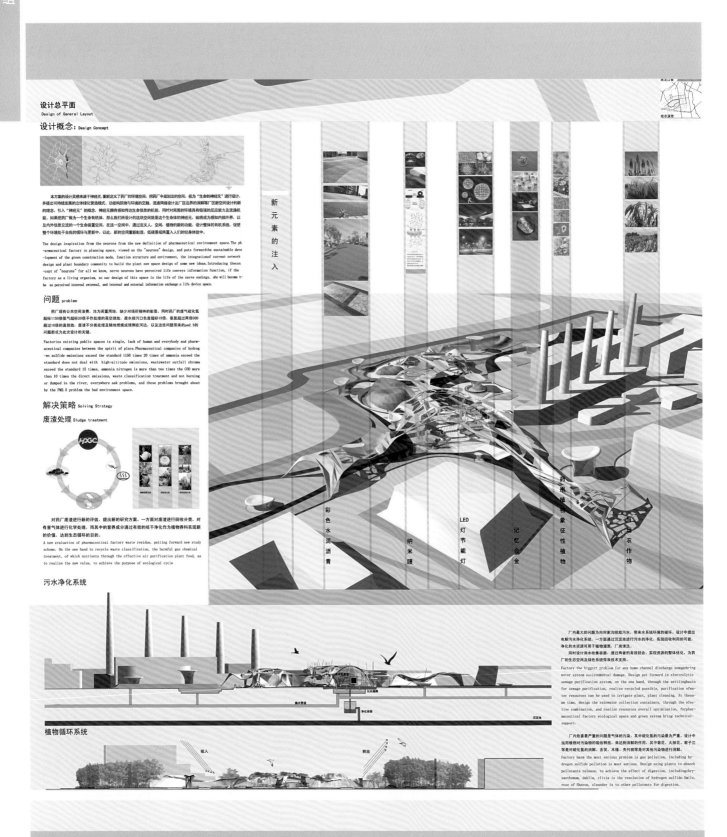

设计总平面
Design of General Layout

设计概念：Design Concept

　　本方案的设计灵感来源于神经元，重新定义了药厂的环境空间，把药厂中规划出的空间，视为"生命的神经元"进行设计，并提出对持续发展的立体绿化营造模式、功能构筑物与环境的交换、流通网络设计及厂区边界的消解等厂区新空间设计的新的概念。引入"神经元"的概念，神经元有感知传达生命信息的机能，同时对周围的环境具有极强的反应能力及流通机能。如果把药厂看为一个生命有机体，那么我们所设计的这块空间就是这个生命体的神经元，她将成为感知内部外界，以及外信息交流的一个生命装置空间。在这一空间中，通过定义人口、空间、植物的功能，设计整体的有机系统，促使整个环境处于自我的更新与更替中，以此，新的空间重新制造，低碳景观两置入人们的切身体验中。

　The design inspiration from the neurons from the new definition of pharmaceutical environment space. The pharmaceutical factory in planning space, viewed as the "neurons" design, and puts forward the sustainable development of the green construction mode, function structure and environment, the integration of current network design and plant boundary community to build the plant new space design of some new ideas. Introducing the concept of "neurons" for all we know, nerve neurons have perceived life conveys information function, if the factory as a living organism, so our design of this space is the life of the nerve endings, she will become the as perceived internal external, and internal and external information exchange a life device space.

问题 problem

　　药厂有公共空间浪费，沦为闲置用地，缺少对场所精神的制显，同时药厂的废气硫化氢超标1150倍氨气超标20倍不作处理的高空排放，废水排污口色度超标15倍，氨氮超过两倍COD超过10倍的直接排放，废渣不分类处理及随地燃烧或倾倒在河边，以及这些问题带来的pm2.5的问题都成为此次设计的关键。

　Factories existing public spaces is single, lack of human and everybody and pharmaceutical companies between the spirit of place. Pharmaceutical companies of hydrogen sulfide emissions exceed the standard 1150 times 20 times of ammonia exceed the standard does not deal with high-altitude emissions, wastewater outfall chroma exceed the standard 15 times, ammonia nitrogen is more than two times the COD more than 10 times the direct emissions, waste classification treatment and not burning or dumped in the river, everywhere ask problems, and these problems brought about by the PM2.5 problem the bad environment space.

解决策略 Solving Strategy

废渣处理 Sludge treatment

　　对药厂废渣进行新的评估，提出新的研究方案。一方面对废渣进行回收分类，对有害气体进行化学处理。而其中的营养成分通过有效的咕干净化作为植物养料实现新的价值，达到生态循环的目的。

　A new evaluation of pharmaceutical factory waste residue, putting forward new study scheme. On the one hand to recycle waste classification, on the harmful gas chemical treatment, of which nutrients through the effective air purification plant food, as to realize the new value, to achieve the purpose of ecological cycle.

污水净化系统

　　厂内最大的问题为向何家沟排放污水，带来水系统环境的破坏。设计中提出电解污水净化系统，一方面通过沉淀池进行污水的净化，实现回收利用的可能，净化的水资源可用于植物灌溉，厂房清洗。同时设计雨水收集容器，通过两者的有效结合，实现资源的整体优化，为药厂的生态空间及绿色系统带来技术支持。

　Factory the biggest problem for any home channel discharge sewage bring water system environmental damage. Design put forward in electrolytic sewage purification system, on the one hand, through the settling basin for sewage purification, realize recycled possible, purification of water resources can be used to irrigate plant, plant cleaning. At the same time, design the rainwater collection containers, through the effective combination, and realize resources overall optimization, for pharmaceutical factory ecological space and green system bring technical support.

植物循环系统

　　厂内危害最严重的问题是气体的污染，其中硫化氢的污染最为严重，设计中运用植物对污染物的吸收释放，来达到降解的作用，其中菊花、大丽花、君子兰等是对硫化氢的降解。含笑、木槿、夹竹桃等是对其他污物进行消解。

　Factory harm the most serious problem is gas pollution, including hydrogen sulfide pollution is most serious. Design using plants to absorb pollutants release, to achieve the effect of digestion, including chrysanthemum, dahlia, clivia is the resolution of hydrogen sulfide. Smile, rose of Sharon, oleander is to other pollutants for digestion.

新元素的注入

彩色水泥沥青　纳米膜　LED灯节能灯　记忆合金　药用植物象征性植物　农作物

作品名称：零帕几何
作者：柯健　龙恺琴　李永新

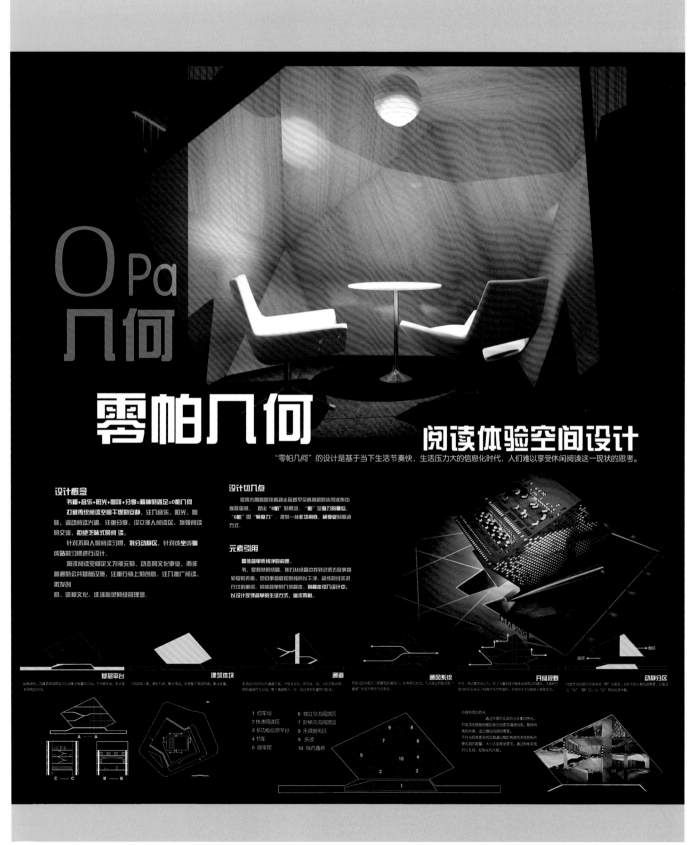

作品名称：Mayfly——蜉蝣
作者：刘梦华

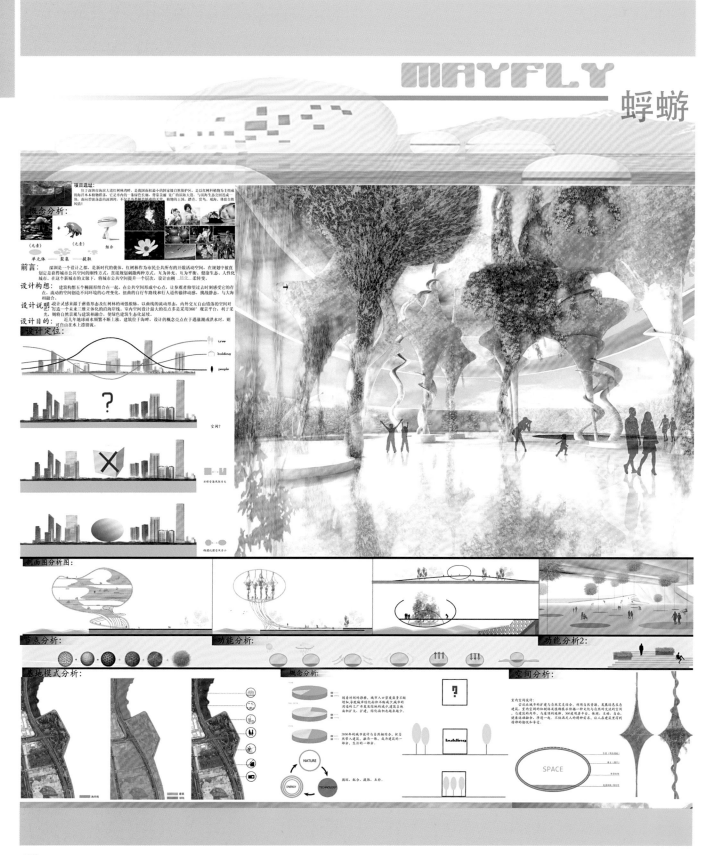

作品名称：藤·憩
作者：闫萌萌

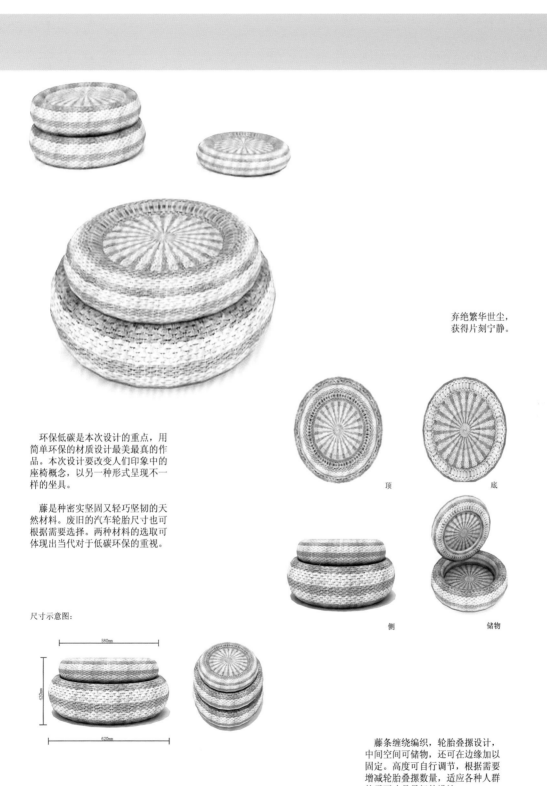

《藤·憩》

弃绝繁华世尘，
获得片刻宁静。

环保低碳是本次设计的重点，用简单环保的材质设计最美最真的作品。本次设计要改变人们印象中的座椅概念，以另一种形式呈现不一样的坐具。

藤是种密实坚固又轻巧坚韧的天然材料。废旧的汽车轮胎尺寸也可根据需要选择。两种材料的选取可体现出当代对于低碳环保的重视。

顶　　　　　底

侧　　　　储物

尺寸示意图：

580mm

120mm

620mm

藤条缠绕编织，轮胎叠摞设计，中间空间可储物，还可在边缘加以固定。高度可自行调节，根据需要增减轮胎叠摞数量，适应各种人群的需要才是最好的设计。

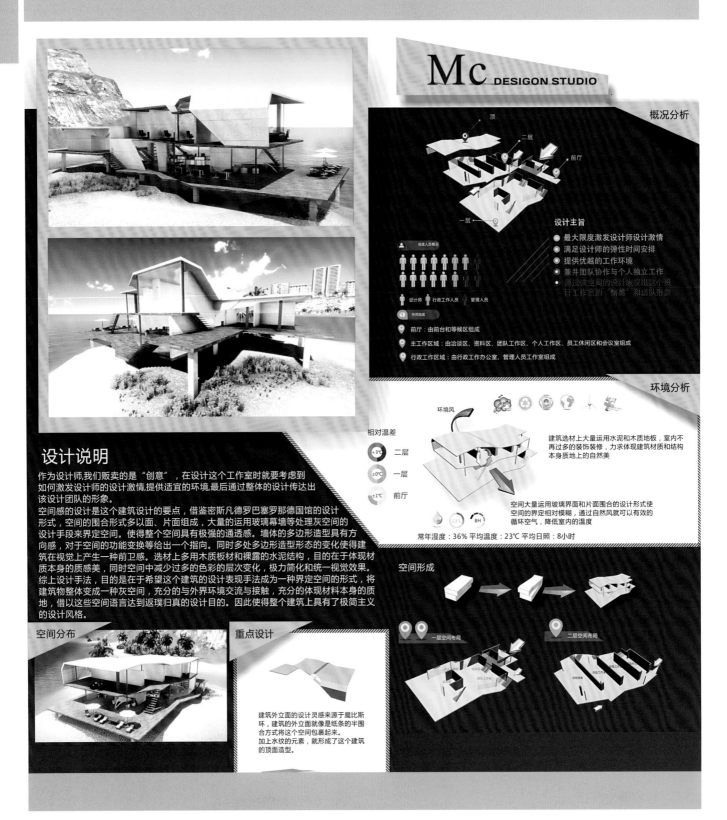

作品名称：MC 工作室设计

作者：马楚雨

Mc DESIGON STUDIO

概况分析

顶

二层

前厅

一层

设计主旨

- 最大限度激发设计师设计激情
- 满足设计师的弹性时间安排
- 提供优越的工作环境
- 兼并团队协作与个人独立工作
- 通过该空间的设计表现出这个设计工作室的"情感"和团队形象

组成人员概况

设计师　行政工作人员　管理人员

空间组成

- 前厅：由前台和等候区组成
- 主工作区域：由洽谈区、资料区、团队工作区、个人工作区、员工休闲区和会议室组成
- 行政工作区域：由行政工作办公室、管理人员工作室组成

环境分析

环境风

相对温差

+3℃ 二层

±0℃ 一层

±1℃ 前厅

建筑选材上大量运用水泥和木质地板，室内不再过多的装饰装修，力求体现建筑材质和结构本身质地上的自然美

空间大量运用玻璃界面和片面围合的设计形式使空间的界定相对模糊，通过自然风可以有效的循环空气，降低室内的温度

常年湿度：36% 平均温度：23℃ 平均日照：8小时

设计说明

作为设计师，我们贩卖的是"创意"，在设计这个工作室时就要考虑到如何激发设计师的设计激情，提供适宜的环境，最后通过整体的设计传达出该设计团队的形象。

空间感的设计是这个建筑设计的要点，借鉴密斯凡德罗巴塞罗那德国馆的设计形式，空间的围合形式多以面、片面组成，大量的运用玻璃幕墙等处理灰空间的设计手段来界定空间。使得整个空间具有极强的通透感。墙体的多边形造型具有方向感，对于空间的功能变换等给出一个指向。同时多处多边形态的变化使得建筑在视觉上产生一种前卫感。选材上多用木质板材和裸露的水泥结构，目的在于体现材质本身的质感美，同时空间中减少过多的色彩的层次变化，极力简化和统一视觉效果。

综上设计手法，目的是在于希望这个建筑的设计表现手法成为一种界定空间的形式，将建筑物整体变成一种灰空间，充分的与外界环境交流与接触，充分的体现材料本身的质地，借以这些空间语言达到返璞归真的设计目的。因此使得整个建筑上具有了极简主义的设计风格。

空间形成

一层空间布局　　二层空间布局

空间分布

重点设计

建筑外立面的设计灵感来源于魔比斯环，建筑的外立面就像是纸条的半围合方式将这个空间包裹起来。加上水纹的元素，就形成了这个建筑的顶面造型。

作品名称：雨水净化建筑——盛开的牵牛花
作者：戴慧芬

入选作品 学生组

雨水收集处理过程示意图

牵牛花般的屋顶内部架空处理，使雨水在内部循环处理

造型演变

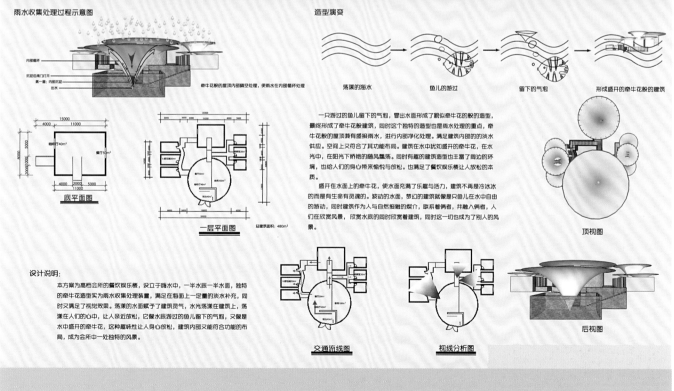

荡漾的海水　　鱼儿的游过　　留下的气泡　　形成盛开的牵牛花般的建筑

一只游过的鱼儿留下的气泡，冒出水面形成了貌似牵牛花的般的造型，最终形成了牵牛花般建筑，同时这个独特的造型也是雨水处理的重点，牵牛花般的屋顶兼有盛接雨水，进行内部净化处理。满足建筑内部的淡水供应。空间上又符合了其功能布局。建筑在水中犹如盛开的牵牛花，在水光中，在阳光下娇艳的随风飘扬。同时有趣的建筑造型也丰富了周边的环境，也给人们的身心带来愉悦与放松。也满足了餐饮娱乐楼让人放松的本质。

盛开在水面上的牵牛花，使水面充满了乐趣与活力，建筑不再是冷冰冰的而是有生命有灵魂的。波动的水面，梦幻的建筑就像是只鱼儿在水中自由的游动，同时建筑作为人与自然接触的媒介，联系着俩者，并融入俩者，人们在欣赏风景，欣赏水底的同时欣赏着建筑，同时这一切也成为了别人的风景。

底平面图　　一层平面图

设计说明：

本方案为高档会所的餐饮娱乐楼，设立于晒水中，一半水底一半水面，独特的牵牛花造型实为雨水收集处理装置，满足在海面上一定量的淡水补充，同时又满足了视觉效果。荡漾的水面赋予了建筑灵气，水光荡漾在建筑上，荡漾在人们的心中，让人亲近放松，它像水底游过的鱼儿留下的气泡，又像是水中盛开的牵牛花，这种趣味性让人身心放松，建筑内部又能符合功能的布局，成为会所中一处独特的风景。

交通流线图　　视线分析图

顶视图

后视图

223

作品名称：织——湖南省民俗博物馆设计方案
作者：吴伟　黄永富

织

湖南省民俗博物馆设计方案
Folk Museum in Hunan Province

民俗即民族中广大民众所创造、享用和传承的生活文化。即生产劳动民俗、日常生活民俗、社会组织民俗、岁时节日民俗等。

加之自己对湖南地域民俗特色的认识，中南地区编织手工业较为特色，由此理念生成于一种民间编织工艺。对待传统是继承而不是进行模仿，由此对编织工艺进行解构、重组。

理念生成

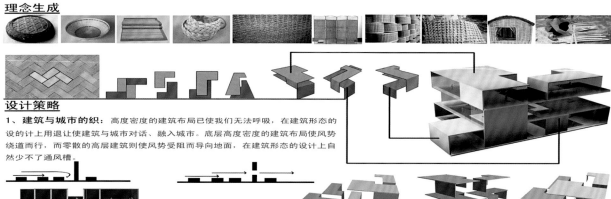

设计策略

1、建筑与城市的织：高度密度的建筑布局已使我们无法呼吸，在建筑形态的设计上用退让使建筑与城市对话、融入城市。底层高度密度的建筑布局使风势绕道而行，而零散的高层建筑则使风势受阻而导向地面，在建筑形态的设计上自然少不了通风槽。

2、人与人的织：广场的地形特点是三面围合，画廊、咖啡馆、民俗馆三处场所的交流平台。由此广场设计核心是："提高三处场所的交流"。

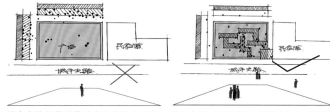

提高交往的前提是让人在广场上逗留，适于户外逗留的最佳城市具有无规律的立面，并且在户外空间有各种各样的支持物。

3、人与展示品的织：利用板具或展示道具、某种建筑元对展示空间做出某种分隔，以便满足艺术和展出的需求。

作品名称："链"——湖南衡阳财工院学生活动中心设计
作者：邓冰旎　田欣　赵晓婉

CONNECT SPACE
湖南衡陽財工院學生活動中心設計

■ 历史脉络 Historical context

■ 设计分析 Design analysis

地形高差 Terrain elevation

多重循环结构
Multiple circulation structure

生态保育 Ecological conservationis

功能分区 Functional partition

交通流线 Traffic streamline

开发强度 Development intensity

规划区域 Planning area

■ 设计理念 Design concept

SHARE

Independent

■ 设计理念　Design idea

整个设计以"链"为元素主题，具体应用和体现在社会文化角色、建筑构成形态两大角度上。

当今校园正面临着角色转换的挑战。围墙式的学校使自己局限在"象牙塔"内，开放的校园则属于整个城市。校园景观建筑不仅属于校园同样属于城市，要达到校园和城市的结合，学院的开放化、大众化和交往化都需要学院景观建筑作为连接链。

湖南衡阳财经与工业学院形散但需要掉制，通过中心地段的学术活动中心建筑，达到学术间、师生间、校园与城市间的融合。从工业与财经学科出发，"链"抽象收链条和上升起状的资金链，建筑形态蜿蜒曲折，为建筑功能提供各种可能性，建筑表皮无重由钢架形态演变成的"三角形"和财经链元素演变成的"竖向线条"组成，整个建筑采用刚性材料与木材，刚柔并济，形成视觉与感官的冲击。

链 活动中心 Activity center

■ 设计分析 Design analysis

"链"建筑由两个不同功能性质的建筑共融，流线的形态如产业链条将两者有机组合，学生作为建筑功能的服务人群，将校园的主要人流引向建筑，让其成为校园中心点。

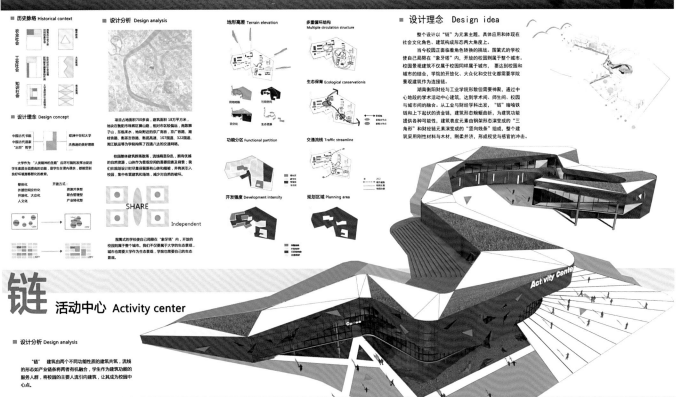

作品名称：星火·燎原

作者：赵晓婉　李梁

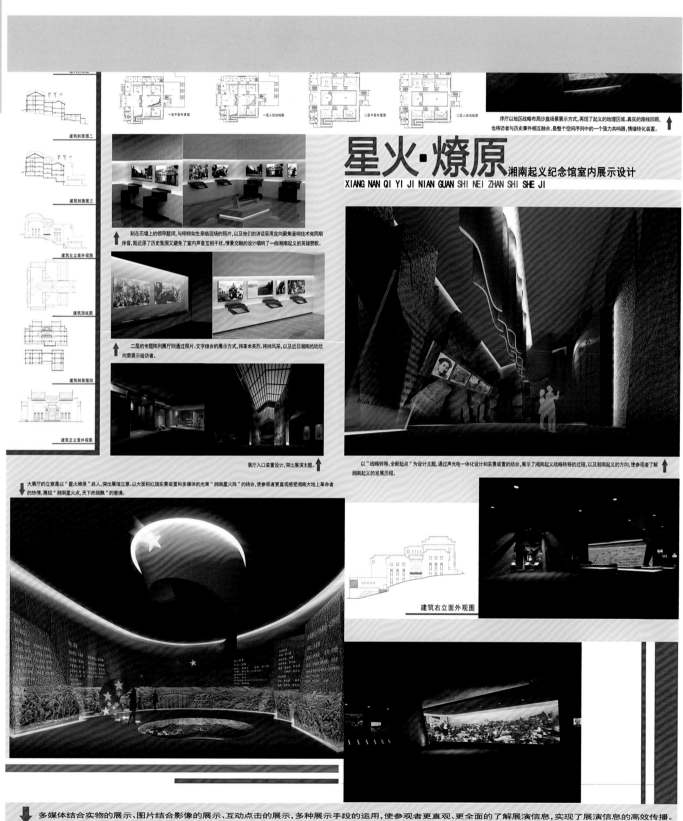

序厅以地区战略布局沙盘景展示方式，再现了起义的地理区域，真实的路线回顾，也将访者与历史事件相互融合，是整个空间序列中的一个强力共鸣器，情绪转化装置。

星火·燎原
湘南起义纪念馆室内展示设计
XIANG NAN QI YI JI NIAN GUAN SHI NEI ZHAN SHI SHE JI

刻在石墙上的领导题词，与栅栏如生亲临现场的照片，以及他们的讲话采用定向聚焦音响技术使同期伴音，既还原了历史氛围又避免了室内声音互相干扰。情景交融的设计唱响了一曲湘南起义的英雄赞歌。

二层的专题陈列展厅则通过照片、文字结合的展示方式，将革命英烈、将帅风采，以及近日湘南的欣欣向荣展示给访者。

展厅入口装置设计，突出展演主题

以"战略转移，全新起点"为设计主题，通过声光电一体化设计和实景装置的结合，展示了湘南起义战略转移的过程，以及湘南起义的方向，使参观者了解湘南起义的发展历程。

大展厅的立意是以"星火燎原"启人，突出展馆立意，以大面积红旗实景装置和多媒体的光束"湘南星火阵"的结合，使参观者更直观感受湘南大地上革命者的热情，展现"湘南星火点，天下赤旗飘"的意境。

建筑右立面外观图

多媒体结合实物的展示、图片结合影像的展示、互动点击的展示，多种展示手段的运用，使参观者更直观、更全面的了解展演信息，实现了展演信息的高效传播。

细胞——"CELL CHAIR"

细胞椅充分的体现了与人的互动、个性、可变性。每个人都有不同的性格及行为特点、姿态特征，而细胞作为生命的基本单位正是不同生命的体现，细胞的特殊性决定了个体的特殊性。本设计用细胞的概念来反映不同生命体的个性及不同。细胞一般由细胞膜、细胞质和细胞核构成，分别表达细胞椅的叁个组成部分。细胞椅的表面由充气的PVC软膜制成，与人的互动形成具有不同的形态。内核的材料也为软质材料，可以随人身形而变化，体现了各种生命体的特点。

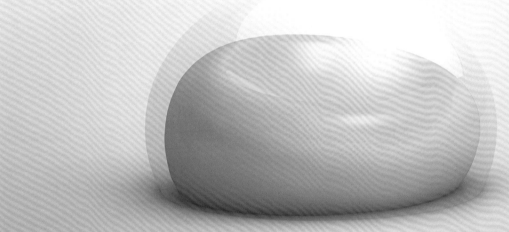

外表皮：环保PVC膜
内核：环保PVC膜
内核填充物：PVC颗粒或天然材料填充物

1200

600

1200

1200

1200

1200

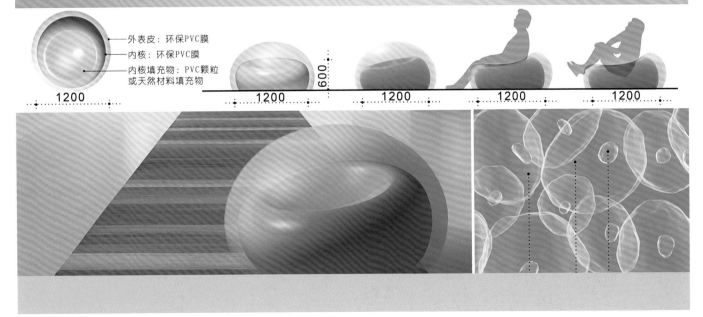

作品名称："伊甸寻"——未来社区畅想 城市建筑与景观规划设计
作者：张伟建 陈聪 杨晨音

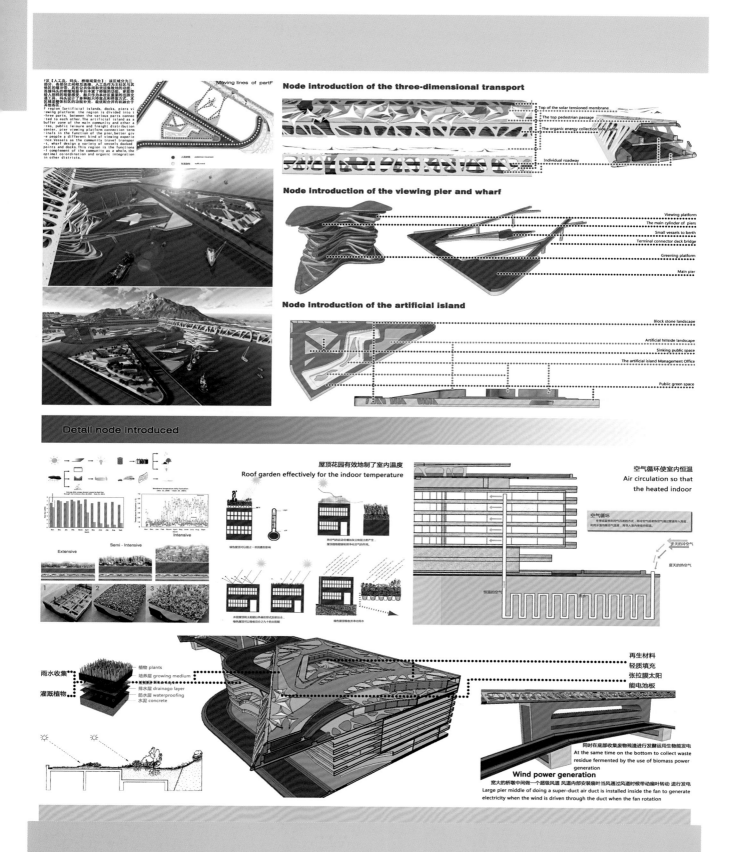

F区【人工岛、码头、桥楼观景台】该区域分为三部分。各部分之间相互连接。人工岛作为主社区与其他区的缓冲带，具有公共休闲娱乐等其他功能。连接各点的桥楼观景平台作为了桥墩的功能，更能带入人群的行为活动。充分作为社区观景的重要交通枢纽，让行者有不同心灵的观感。各种船只作为社区域多样性码头的功能补充，该区域整体作为F区为其他各区的功能进行最优化协调和有机整合的缺失。

Moving lines of partF

Node introduction of the three-dimensional transport

Top of the solar tensioned membrane
The top pedestrian passage
The organic energy collection side baffle
Individual roadway

Node introduction of the viewing pier and wharf

Viewing platform
The main cylinder of piers
Small vessels to berth
Terminal connector deck bridge
Greening platform
Main pier

Node introduction of the artificial island

Block stone landscape
Artificial hillside landscape
Sinking public space
The artificial island Management Office
Public green space

Detail node introduced

屋顶花园有效地制了室内温度
Roof garden effectively for the indoor temperature

空气循环使室内恒温
Air circulation so that the heated indoor

空气循环

植物 plants
培养层 growing medium
排水层 drainago layer
防水层 waterproofing
水泥 concrete

雨水收集

灌溉植物

再生材料
轻质填充
张拉膜太阳能电池板

同时在底部收集废物残渣进行发酵运用生物能发电
At the same time on the bottom to collect waste residue fermented by the use of biomass power generation

Wind power generation

宽大的桥墩中间做一个超级风道 风道内部安装扇叶当风通过风道时候带动扇叶转动 进行发电
Large pier middle of doing a super-duct air duct is installed inside the fan to generate electricity when the wind is driven through the duct when the fan rotation

Extensive
Semi - Intensive
Intensive

作品名称：山东济宁市老运河城区改造
作者：韩予　赵紫薇　刘馨月

入选作品　学生组

作品名称：冀州国际滑雪中心
作者：胡扬　张炫　凌佳境

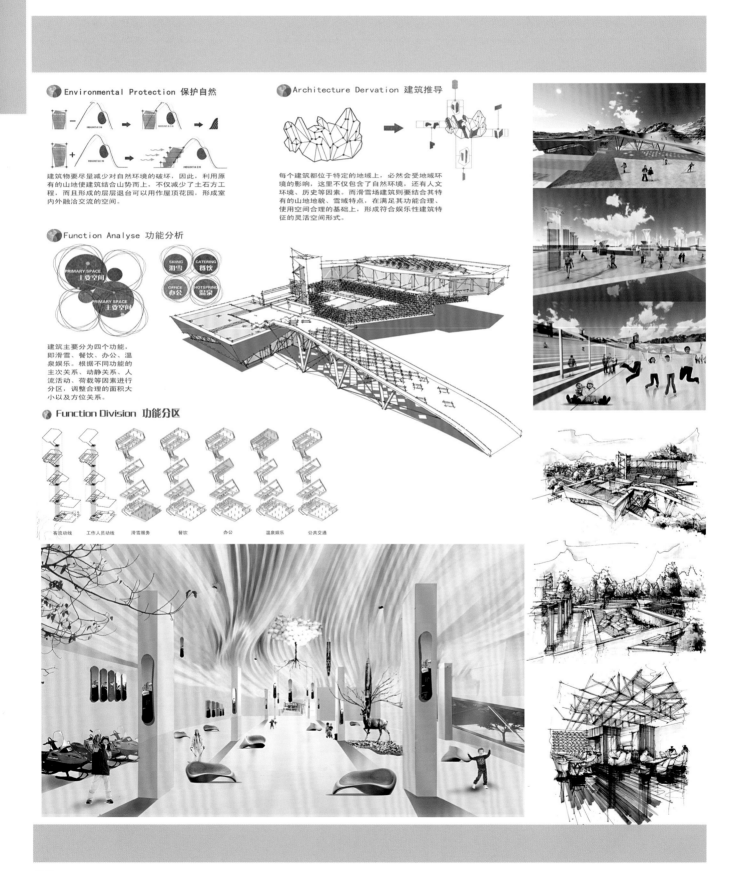

Environmental Protection 保护自然

建筑物要尽量减少对自然环境的破坏，因此，利用原有的山地使建筑结合山势而上，不仅减少了土石方工程，而且形成的层层退台可以用作屋顶花园，形成室内外融洽交流的空间。

Architecture Dervation 建筑推导

每个建筑都位于特定的地域上，必然会受地域环境的影响，这里不仅包含了自然环境，还有人文环境、历史等因素。而滑雪场建筑则要结合其特有的山地地貌、雪域特点，在满足其功能合理、使用空间合理的基础上，形成符合娱乐性建筑特征的灵活空间形式。

Function Analyse 功能分析

PRIMARY SPACE 主要空间

PRIMARY SPACE 主要空间

SKIING 滑雪　CATERING 餐饮

OFFICE 办公　HOTSPRING 温泉

建筑主要分为四个功能，即滑雪、餐饮、办公、温泉娱乐。根据不同功能的主次关系、动静关系、人流活动、荷载等因素进行分区，调整合理的面积大小以及方位关系。

Function Division 功能分区

客流动线　工作人员动线　滑雪服务　餐饮　办公　温泉娱乐　公共交通

作品名称：海之韵三亚亚龙湾产权式酒店设计
作者：王家宁　王伟　王雁飞

❷ 概念景觀設計
CONCEPTUAL VIEW DESIGN

6. 设计

材料设置：

地面铺砌砖材料的选择；考虑到沿海地区土壤盐，应当酌情考虑幻障碍设计的研究，包括道路，碱性较强且应控制成本问题，所以植物的选择厕所，休息座椅，残疾人使用的地梯桥阔栏，轮椅坡道，视线遮免遮挡，栀阳游戏的保护措施使用设施的一些尺寸的把握，调节其舒适度和实用性。

空间环境：

景观系统、绿地系统工程、水系统的布置以及建筑风格的诠释；区内景观系统的场地竖向设计、道路系统等结合设置。

低碳环保的设计：

由于建筑风格侧重现代建筑，并且要求体现低碳环保绿色的设计，如何让二者和谐统一的安排在一起也需重点研究。

7. 效果图

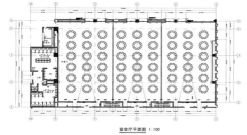

主要地域分区与设计说明：

倚风吟设计说明：它依傍着温和的海风，沐浴在灿烂的阳光下，海浪时而拍打在礁石上，随着微地形的高低起伏，配以曲线与直线的硬质铺装道路，形成了我们列到的倚风吟待，趣味的雕塑，给这里增添了更多的趣味性。

踏浪园设计说明：该区域属于安静休息区，树木繁茂，绿草成荫，具有一定起伏的地形和水体，我们设计的亲水平台，是的游客能够更充分的体验南国风味。我们选用当地的石材，打造成别具特色的打坊。

亚龙花园设计说明：亚龙花园的名字亚龙湾，我们的设计是想从这里体现出法式园林的规整。所以，地形相对于其它地方，属于规则对称式的布局亚龙花园的亮点是它的竖向水体设计，以及欧式雕塑，我们采用将泼水的设计手法，使整个地块打破平淡的规整。

亚龙之星设计说明：我们设计的亚龙之星，采用海洋里海星的造型，进行立体抽拉变形，最后成为大家看到的公共共享雕塑，高均7.5米，直经55米，游客在这里可以攀登到它的平台之上，从西向瞰东西南北四个区域。

绿林山海设计说明：该场地地的设计是整个地块设计的亮点，它的设计灵感来源于一款经典游戏—爱丽丝梦游仙境，我们将一块开场的水域进行十字切割，并对其进行下沉处理，然后对局部进行微调，做到地势上的明显高低起伏。

星韵升辉设计说明：它的地理位置处于整个场地的边缘，中心水体的设置，绿荫环抱的椰林，高低起伏的地势，使得游客有更多的游玩选择，尽情的之神于海南的自然气候之中。

星韵湾设计说明：它的地理位置处于整个场地的边缘，但是更接近海水。大小圆的不规则排列，中心水体的设置，绿荫环抱的椰林，高低起伏的地势，使得游客有更多的游玩选择，尽情的之神于海南的自然气候之中。

澜沙河海设计说明：该场地属于安静休息区，地势具有明显的高低起伏，高而的亲水平台上；我们采用木材与石材的结合，地形上，以阶梯坡形式，从中间向两边下沉。在平台中间，还有一个抽象的章鱼触须的雕塑，休息区的安置，当然在安静的区域，这里有自然的水体，供游客观水，也有人工形态的游泳池。在这里，游客可以彻底得到放松，更好地体验海韵风情。

宴会厅设计

宴会厅平面图 1:100

选题的目的与意义

专业方面：
室内设计作为一种文化类型，必然同其他的文化类型一样，有回归现象。这种回归也是民族认同的表现。面对三亚亚龙湾独特的地理位置和气候，我们如何在现代语境下解读并适用传统的文化符号，并将适用到主题性的设计里面，倡导在室内设计中重视文化背景和时代感异，重现人的行为心理和设计解读语速。

社会方面：
随着经济的发展和人们精神生活的需要，让游客体会到三亚独特的地理环境和人文情怀，让人们在旅游的同时体会到三亚所特有的文化，我们要将在大自然馈赠海南三亚独特的地理环境和气候以及传统文化融入到现代生活中，佳之为现代服务，为广大游客提供和本地具有文化品位的消费阶层提供一集饮食，娱乐，文化为一体的特色餐饮场所，在项目投入运营前，将三亚的文化弘扬出去，成为海南的一张城市名片。

作品名称：运河·故事　山东济宁运河文化公园设计
作者：郝铁英　李曼　马元

运河·故事 山东济宁运河文化公园设计
CANCL STORY

地点

中国 山东
China Shan dong

主要技术经济指标

用地面积
建筑基地面积
道路占地面积
绿地面积
容积率

地理位置分析

区位优势

基地现状

发现问题

PART 2

概念分析

运河·故事
CANCL STORY

项目定位project positioning

提出概念Proposed the concept

空间元素Space element

设计来源The design of the source

总平面图
General layout plan

作品名称：太原市新农村活动中心设计
作者：张晋磊　张成　李欣潞

入选作品　学生组

源

太原市新农村活动中心设计
A general design of new countryside activity service center

我国由于以前一直实行城乡二元制，城乡之间是隔离，不相互融合的，所以产生了城中村的问题。"城中村"，是指在城市高速发展的进程中，由于农村土地全部被征用，农村集体成员由农民身份转变为居民身份后，仍居住在由原村改造而演变成的居民区，或是指在农村向城市化进程中，由于农村土地大部分被征用，滞后于时代发展步伐，游离于现代城市管理之外的农民仍在原村居住而形成的村落，亦称为"都市里的村庄"。通常所说的"城中村"，仅指在经济快速发展、城市化不断推进的过程中，位于城区边缘农村被划入城区，在区域上已经成为城市的一部分，但在土地权属、户籍、行政管理体制上仍然保留着农村模式的村落。

1 引言

城镇 ← 城中村农村城市化 → 农村

城中村"是城市的一块"夹缝地"，这种独特的地位和现象，必然会带来一系列的社会问题。人口杂乱，"城中村"由村民、市民和流动人口混合构成。流动人口成为主要犯罪群体。治安形势严峻。城市规划滞后，违法违章建筑相当集中，"一线天"、"握手楼"、"贴面楼"风景独特。

基本概况

基本概况：太原是山西省省会，是全省政治、经济、文化、教育、科技、信息中心，是以冶金、机械、化工、煤炭为支柱，以输出能源、原材料、矿山机械产品为主要特征的全国重要的能源重化工业城市。太原属北温带大陆性气候，冬无严寒，夏无酷暑。年平均降雨量456毫米，年平均气温 9.5℃，全年日照时数平均 2808 小时。

2 选题

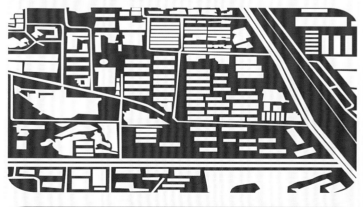

地域文化太原的红火规模大、形式多、内容广。生活气氛浓烈，地方特色别具一格，把这些红火的名称罗列出来，主要的有太原锣鼓、太原秧歌、狮子龙灯、高跷旱船、背棍、铁棍、莲花落、二人台、哑老背妻、二鬼摔跤、刘三推车、大头娃娃、跑场秧歌。

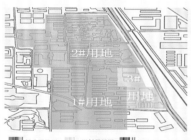

2#用地
3#用地
1#用地

■ 新建居民区　　□ 旧村居民区　　■ 临时建筑用地
■ 主要交通干道

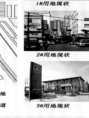

1#用地现状

2#用地现状

3#用地现状

交通干线

太榆路

南中环

坞城路

调研地点：中国 山西 太原 小店区 许西村

许西村位于太原市小店区北营街道，紧邻太榆路和山西大学，有着得天独厚的地理优势

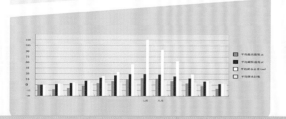

作品名称：未知——明湖路社区图书馆设计
作者：程凯宇

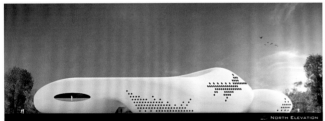

北立面图 1:300

西&东立面图 1:300

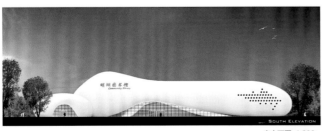

南立面图 1:300

三层平面图 1:300

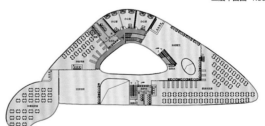

二层平面图 1:300

一层平面图 1:300

作品名称：四川成都洛带古镇——民俗博物馆设计

作者：沈璐

四川成都洛带古镇——民俗博物馆设计

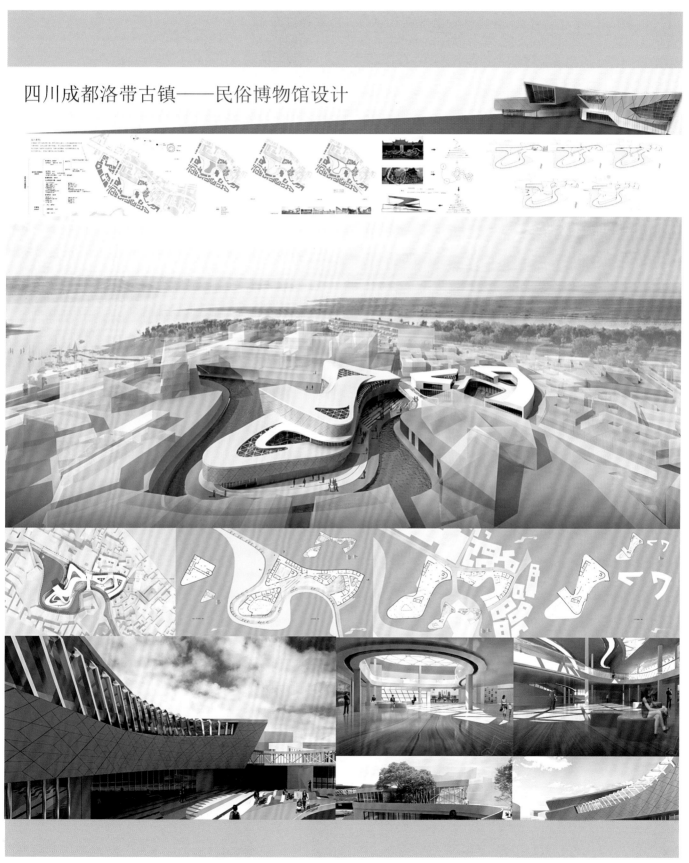

作品名称：移动的云
作者：宋健　王立言　赵同庆　刘小亚

移动的云 Cloud Moves

在自然界中，云可以为人类遮挡阳光，也可以为人类改变光线。在一望无际的天空中，人们总希望头顶有一朵云彩。

In the natural, cloud can keep out the sun, or can make variations for the sunlight.In the uncharted sky ,we always wish there is a cloud floating upon us.

城市建设将室内空间与室外空间完全独立开来。因此，在城市中漂浮的"移动的云"也意在模糊室内与室外的边界，创造不确定的人类活动空间。

City constructions seperate interior space and out doors completely. Thus, we made these "moving clouds" to blur the boundary of indoors and outdoors, and create undefined spaces for human activities.

我们所做的就是创造一种特定的空间，而这种空间只由一个体（云）和它的阴影所构成。我们试图创造一种自然的云的形态——它可以在任何时间，任何地点进行变换。同时这朵"云"也可以被定义为一种在不用时间不同地点影响人类活动的装置。

What we did is to create a space which is defined only by one surface (the cloud) and its shade. We tried to create a natrually formed shape imitating the shape of the cloud —— varying at anytime and anywhere. And the cloud can be also deifined as an installation that interact with human acttivies in different time.

另外，"云"的表皮上为数众多的孔洞可以调节阳光，为人类提供丰富有趣的阴影空间。

Besides, numerous eyelets was made to adjust the sunlight, which provide the citizen a place to live a better life.

烈阳高照的天气，无论是在广场还是农田，人们总是希望他们能够头顶拥有一片云彩，就像有人为他们撑起一把阳伞。

In squares or farmlands, people hope they can have a piece of cloud upon them, just like a parasol.

人们需要阴凉！ We all Need Shades !

2008年北京奥运会
中国国家体育场外众多运动员头顶烈日进行竞走比赛

2008 Olympic Games - Beijing
Many athletes walked under the sun for a foot race outside the China National Stadium.

2010年上海世博会
中国国家馆外众多参观游客头顶烈日排队等候进场

2010 World Expo - Shanghai
A large number of tourists were waiting in the sunshine outside the China Pavilion.

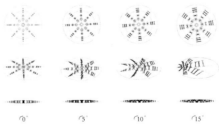

"云"是可以旋转的。通过旋转"云"上的孔洞产生错位与角度的倾斜，从而使云产生的阴影丰富多彩。

Cloud is rotatable. Through this process, the hollows in a cloud can exhibit dislocations and inclinations , which diversifies the shadow below.

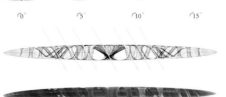

功能：遮挡阳光；为人类提供活动场所。

Function: provide shelter against sunlight, and creats a site for certain activities.

结构：充满氢气的碳纤维骨架

Structure: carbon fiber framework filled with helium

材质：膜表皮

作品名称：广场及观景平台景观设计（江西广昌荷源生态公园艺术景观设计）

作者：赵同庆　王立言

观景平台设计说明：

区域地处山坡，南对旴江北朝广场，远望可以看到河东雕塔。四周并有商住区环绕，是一个观景的好地方。区域设计希望打破常规的单一观景平台的设计，在山顶地带产生交通、平台和小型休息广场，使人与环境之间，人与人之间产生更多的互动和感受。线性的观景平台设计，通过高低错落的空间变化让人去探寻观景的最佳位置和不同的视觉感受

作品名称：经纬间——重庆市万州区梯道公共艺术概念设计
作者：刘晓宇

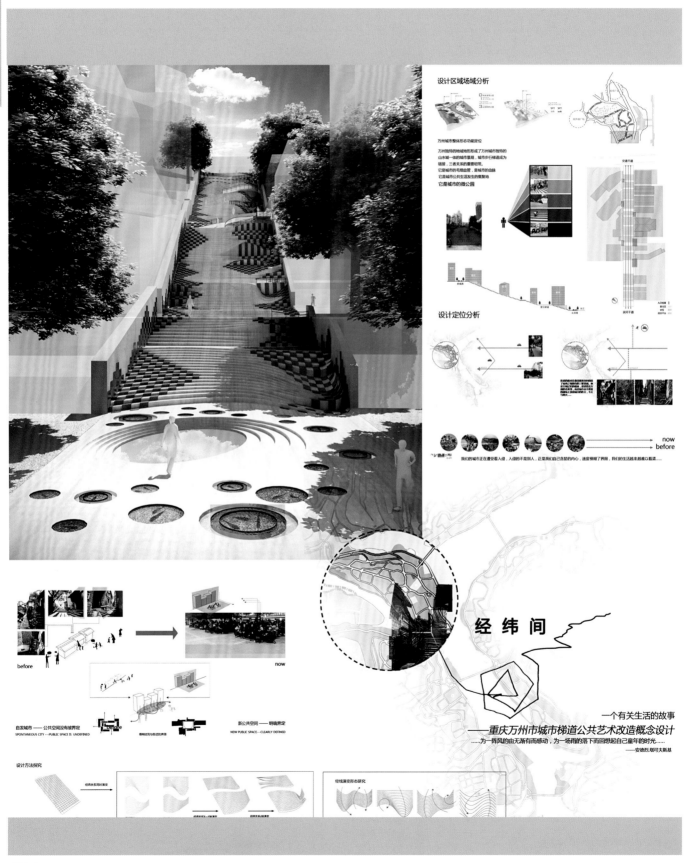

作品名称：息

作者：时晓明　单敬迪

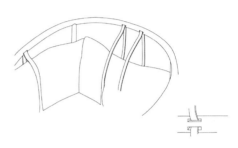

方案介绍：

我们设计的这一系列产品主题为"息"，寓意休息，生生不息。主要在明式家具的造型，材料和结构基础上加入一些更贴近日常生活需要的功能，使使用者舒得到舒适的休息的同时又感受明式家具的气息。

产品系列化设计：

在圈椅之后，我们又做了一组官帽椅，和根据肴桌而来的灵感设计了一组小桌，桌面下可以放置一些物品。

作品名称：弹性编织椅
作者：闫倩　贺红阳　王旭升

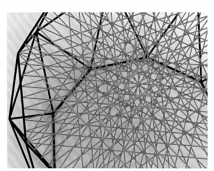

设计说明：

弹性编织椅支撑部分采用三角形金属框架，坐面使用弹性编织材料，当人坐上去时，二维平面弹性织物发生形变，成为一个三维立体的座椅形态，随不同形体的人，不同坐姿形态发生变化，具有趣味性。同时当人站起时会给你一个回弹的力，让人轻松的站起来。

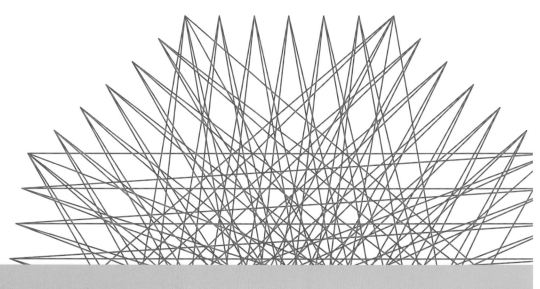

作品名称：自由柜
作者：庄阿阳

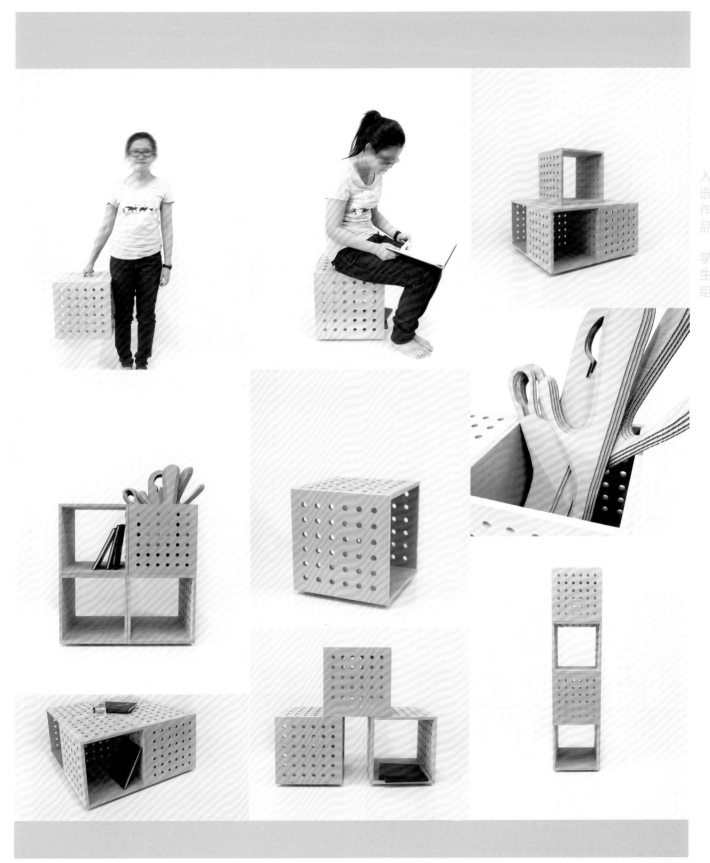

作品名称：L
作者：郭诗雨

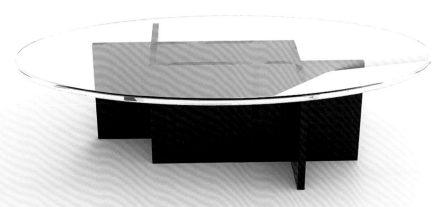

作品名称：L

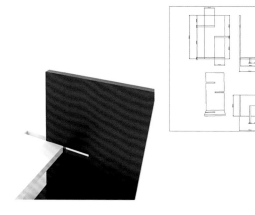

材　　料：密度板
工　　艺：烤漆或喷漆，燕尾榫连接
功　　能：书柜，临时座椅，茶几，置物架
方案说明：利用简单的榫卯插接，达到多个
　　　　　L单元形的任意插接组合成多
　　　　　用书架，杂物架，小茶几，临
　　　　　时座椅等等
设计说明：使用者可根据自己需求，只需
　　　　　简单的几个L形就能组合成自己
　　　　　想要的任意形态，变化性极强，
　　　　　而不用时还可节省空间地叠成L
　　　　　形收纳，简单环保
尺　　寸：高　820mm
　　　　　宽　320mm
　　　　　长　302mm

作品名称：流体　系列软体家具设计
作者：宋韬　姜可嘉　赵杰

流体
系列软体家具设计

这一系列家具的设计灵感来源于"流体"，自然流动的形态就像即将落下的水滴，浑然天成，不加雕琢，为了达到流体的自然效果，实物选用了软性硅胶翻模的制作工艺，颠覆了传统软体家具使用织物、海绵为材料的普遍特性，实现了无接缝制作自然形态。

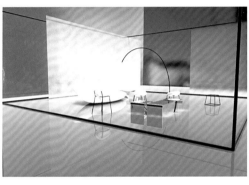

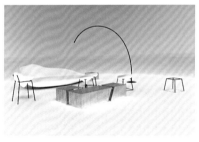

座椅系列

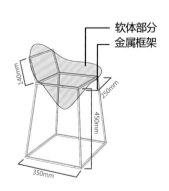

软体部分
金属框架

140mm
250mm
450mm
350mm

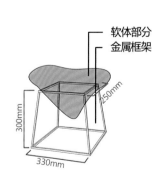

软体部分
金属框架

250mm
300mm
330mm

作品名称：三角凳
作者：李宇翔

三角凳

设计说明：
利用三根互相搭接咬合的榫卯件形成一个稳定的
三角型坐面结构。人们可以直接使用或自由利用
身边的物件（垫子、书籍、衣服）等，形成坐面，
为使用者带来不同的使用体验。突出了使用者的
自主性以及使用的趣味性。

效果图：

结构示意图：

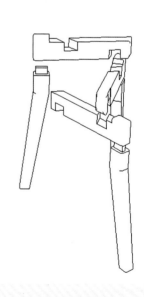

作品名称：晨
作者：谢京

入选作品 学生组

作品名称："宝"折叠椅
作者：闫倩

作品名称：云系列
作者：闫喆皓

作品名称：卷铺
作者：于然

作品介绍

作品名称：简明

作者：周子采

作品名称：Giraffe
作者：李文婷

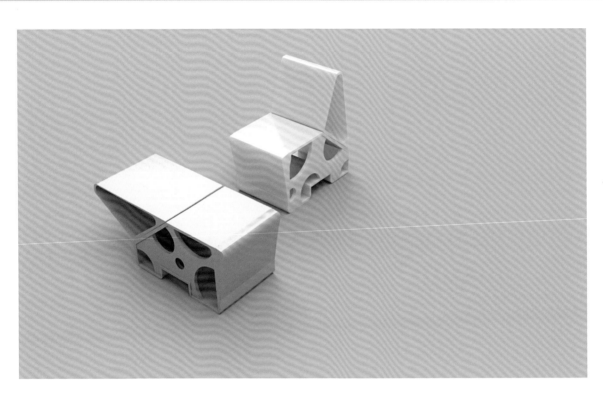

作品名称：GIRAFFE

设计说明：

如今家居生活越来越提倡节约空间，人们也越来越需求多功能的家具。这是一只可爱的"长颈鹿"，它也具有两种功能，平常它是一把椅子，你可以坐在长颈鹿的背上，休息、聊天、学习。是不是很惬意呢？当它低下头，它就化身为一个小茶几，可以放上一杯茶，一碟小点心，背着茶具的长颈鹿没有见过吧！它还有一个超级大肚子，你可以把书本等一些杂物放在它的肚子里。

草图：

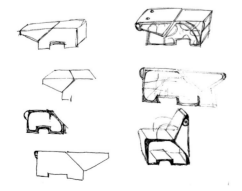

三视图：

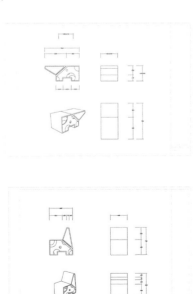

作品名称："海韵蓝舟"综合建筑群
作者：朱鹭

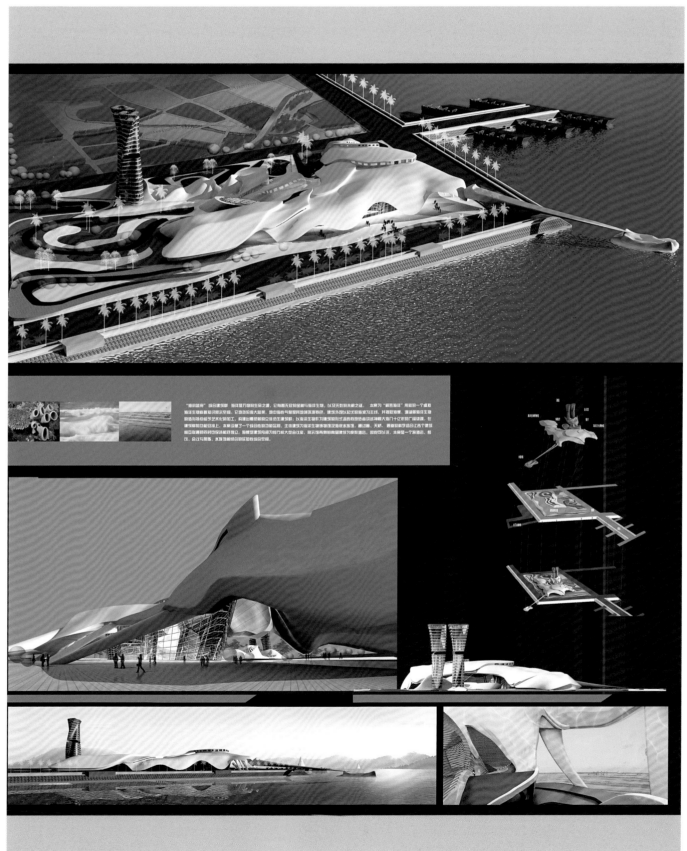

作品名称：虎文化生态岛屿规划设计
作者：王思天

虎文化生态岛屿规划设计

CONCEPT TWO 概念设计布局 2

CONCEPT THREE 概念设计布局 3

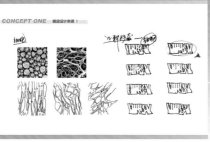

CONCEPT FOUR 概念设计布局 4

CONCEPT SIX 概念设计布局 6

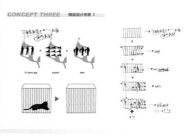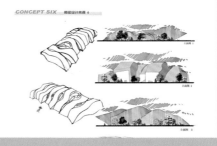

此设计方案是对苏州石湖岛屿的规划设计，因为石湖岛原来是养殖华南虎基地，现在华南虎迁移，苏州要重新规划设计此岛屿。我实地考察时发现此岛屿与人互动元素甚少，除了钓鱼就是划船，我在其中加入了虎纹的元素，对整体的地形进行了规划设计。体现出设计与人互动环节的重要性，我认为好的设计是要有人参与的，这样才能体现出设计的价值所在。

作品名称：黑白灰写就的建筑

作者：王倩楠

黑白灰写就的建筑

BLACK AND GRAY WRITING ON THE TRADITIONAL

小型文化商业区设计

本次毕业设计的主题我选择为一个小型文化商业区的规划设计。设计灵感为江南园林的色彩与空间表现形式，以黑白灰为设计主调色彩，"舍艳求素"，追求朴素而简洁的外观效果以街巷、人行步道为内部交通的联系纽带。怡人的尺度、富有人情味的空间使成体规划变为一次空间上的艺术盛宴。给阳光一把梳子，给微风一个过道，梳理阳光的同时呼吸微风，让人们充分享受到一片荫凉，提高办公的舒适度，有效降低能耗。

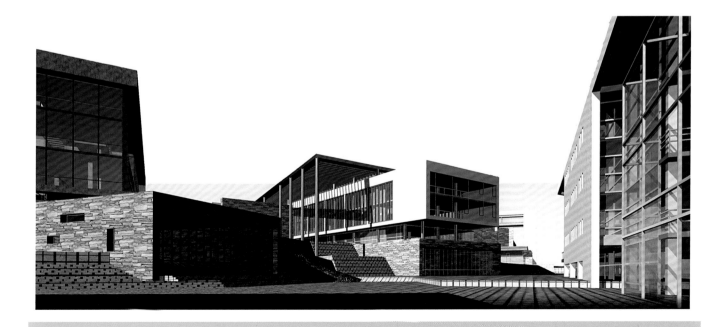

作品名称：生土概念窑洞体验中心——黄土高原中的绿色建筑
作者：王纯子

Loss Plateau
Green Architecture
Earth Construction

作品名称：绿动之韵国际会展中心
作者：沙莎

绿动之韵 Green
Exhbition 国际会展中心

快节奏的社会为人们带来了太多的喧嚣。本案为会展中心设计，把大型商业空间与生态绿地相结合。大面积的休闲绿地为人们提供休息，享受自然，舒缓压力的空间。绿色植被蔓延到建筑顶面。建筑伸展出的平台为人们提供了观景、散步、享受自然的良好空间，实现了绿化面积的扩大化。整体建筑分为沿河两岸两部分组成，由天桥连接。集展览、会议、商务、餐饮、娱乐等多功能为一体的大型公共建筑。建筑外观宏伟大气，表面材质由镜空通透的形式组成，建筑顶部为绿化休息区和通透的玻璃天窗，建筑总体与周边景观和谐相融。

The fast-paced society for people with too much hustle and bustle of
the case for the design of the exhibition center.
the combination of large-scale commercial space ecological green.
a large area of green areas for recreation for people
to rest, enjoy nature, to relieve pressure on space.
Green vegetation spread to the building top.
building stretching out a platform for people to provide a viewing.
walking, good space to enjoy nature.
The expansion of the green area. The overall construction is divided
into along the riverbanks of two parts.
connected by footbridges Set of exhibitions.
conferences, business, dining, entertainment and other multi-functional
large-scale public buildings as a whole.
The magnificent atmosphere of the building exterior.
composition of surface material in the form of hollow transparent.
the glass roof of the building
at the top of the green rest area and permeability.
the harmonious blending of the building
in general with the surrounding landscape.

作品名称：湖南省博物馆概念设计方案
作者：肖烨

湖南省博物馆概念设计方案

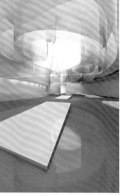

轴测图

设计思想

围绕辛追夫人展开整体设想，我将毕业设计命名为《辛追的天府》。灵感来于汉墓中出土的帛图案，帛画的图案有辛追夫人的生活场景，以及死后升天的景象。

这引发了我的思考——辛追夫人所愿景的天府会是什么样子，也许天府就是未来，未来就是天府。今天的人总是活在昨天的人的幻想中，今天我们的所有幻想，也许是未来人们的现实。这种构想有强烈的时间线索，同时还隐藏了一条现实到虚幻，从生存到生活，已经与关系发展的种种隐性线索，借此引发观众的共鸣。因此以线性展览体系来串联博物馆的所有展厅成为可能，那故事就从辛追夫人开始了。

一：马王堆汉墓展厅

马王堆汉墓展厅是整个博物馆展览体系的核心，是主题《辛追的天府》的最开始整个建筑的最下层。整体以辛追夫人由生入死，再到灵魂升天的过程。以双曲螺旋的坡道为展厅的进出口，同时坡道作为展示的起与合。观众从一侧下行坡道进入，在坡道上一文字与图片的形式以时间为线索介绍辛追夫人的生平事迹以及生活场景，一直以辛追夫人的死亡为结束，在此完成展示入画部分。进入正厅后，第一部分展示出土的丧葬文物，空间顶部挂的曲折的纱布以软化空间及控制光线效果，此部分展厅全局光线逐级减弱并整体控制在冷色调中，此部分一直到展出的三口棺材为结束。观众走去下一部分，即辛追遗体展区，此空间光线最弱，辛追在中心地下位置，光从下而上，周围以漂浮的形态陈列辛追生活用品，整个空间追求空灵而虚无的效果，这个部分是马王堆展厅的高潮部分，光线集中，主体明显。第三部分则展出书画文件类文物，以帛画为重点.

作品名称：水到渠成龙头

作者：王晓青

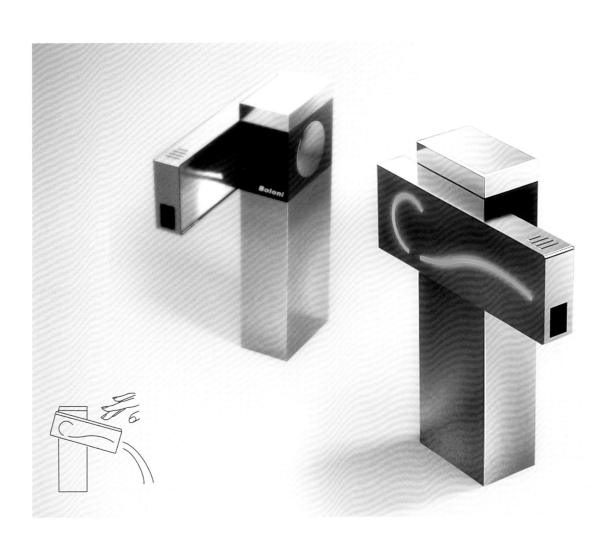

水到渠成龙头

从中国成语中的"水到渠成"得到启发。
设计了这款水龙头。这款水龙头的特点是
它的出水口和开关是一个整体，向下按动
出水口便可出水。出水口侧面的形似水流
的图案选用的是热敏材料，当水流过时会
发光。

作品名称：旋转餐桌
作者：范辉

作品名称：旋转餐桌

设计说明：餐桌切割为四部分，与其它餐桌不同的是它们可以自身360度旋转（通过下部的可以向上抬起的支撑结构），可以形成不同的造型，同时它又兼顾了中餐与西餐（分餐制）的区别，增强了灵活性和适应性。

作品名称：花器
作者：袁洋波

入选作品 学生组

作品名称：IMPACT (概念耐克精神文化馆)
作者：王晓骞

作品名称："水与生命"主题馆概念设计

作者：孔岑蔚

入选作品　学生组

众多海洋生命在次聚集，海洋生命与
人类的交融是参观者体会到，人类也
是大自然中的普通一份子

象征海洋的巨型海藻

led，imax等高科技展示手段汇集在此。营造
不同于以往的海底世界

海之印象展厅是"水与生命"主题馆的第一个主题空间，"我与水"展厅为参观者营造一个未来的主题海底生存世界，创造了一个人类与海洋全新的共生的空间，人类在主题空间中不只是参观者，更是海洋的爱护者与创造者。展厅中间的巨型海藻造型是空间的主题雕塑，是主体空间的视觉中心，感受海洋的无限力量的同时更要体会到人类与海洋生命的交融。两侧巨型有机空间为"海洋之屋"，是海洋生命的栖息地。众多海洋生物聚集在一起为参观者展现蔚为壮观的海底世界。

作品名称：自然专卖

作者：陈俊元

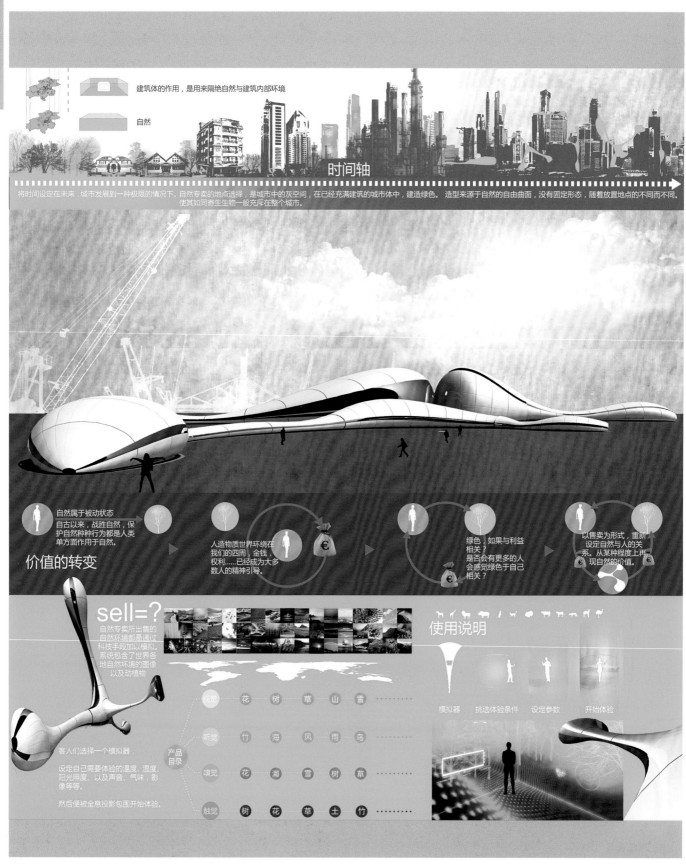

建筑体的作用，是用来隔绝自然与建筑内部环境

自然

时间轴

将时间设定在未来，城市发展到一种极限的情况下。自然专卖的地点选择，是城市中的灰空间，在已经充满建筑的城市体中，建造绿色。造型来源于自然的自由曲面，没有固定形态，随着放置地点的不同而不同。使其如同寄生生物一般充斥在整个城市。

自然属于被动状态
自古以来，战胜自然，保护自然种种行为都是人类单方面作用于自然。

价值的转变

人造物质世界环绕在我们的四周，金钱，权利......已经成为大多数人的精神引导。

绿色，如果与利益相关。
是否会有更多的人会感觉绿色于自己相关？

以售卖为形式，重新设定自然与人的关系。从某种程度上再现自然的价值。

sell=?

自然专卖所出售的自然环境都是通过科技手段加以模拟。系统包含了世界各地自然环境的图像以及动植物

使用说明

客人们选择一个模拟器，

设定自己需要体验的温度、湿度、阳光照度、以及声音，气味，影像等等。

然后便被全息投影包围开始体验。

产品目录

视觉　花　树　草　山　雪　......

听觉　竹　海　风　雨　鸟　......

嗅觉　花　海　雪　树　草　......

触觉　树　花　草　土　竹　......

模拟器　挑选体验条件　设定参数　开始体验

作品名称：凤凰民族博物馆
作者：黄畅

《凤凰民族博物馆》

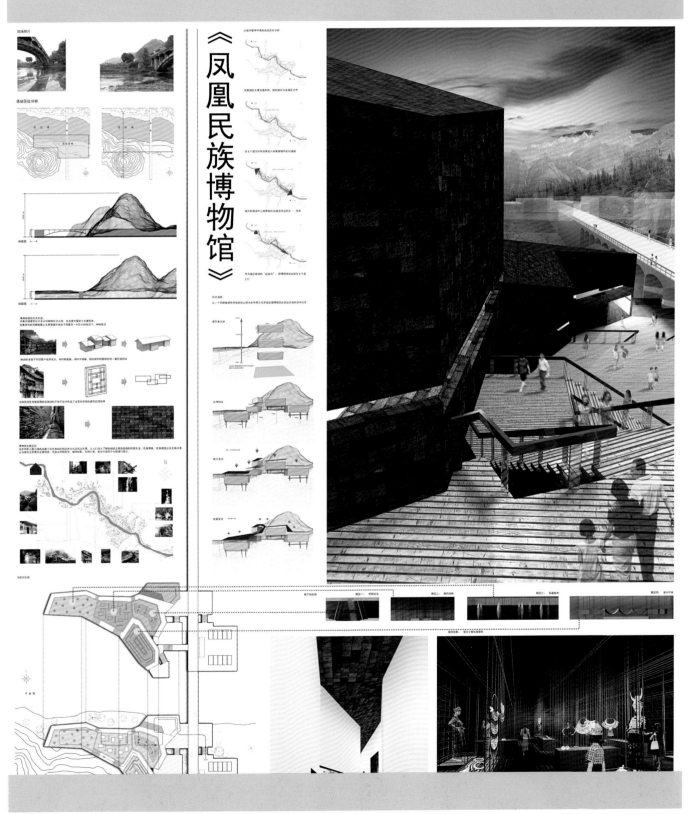

作品名称：岩泉·木楼　生态度假村景观设计

作者：卓春炎

岩泉.木楼

生态度假村 景观设计

区位分析

龙胜各族自治县位于广西壮族自治区东北部，地处越城岭山脉西南麓的湘桂边缘，是大桂林旅游圈内的旅游大县之一。全境为山地，是一个典型的"九山半水半分田"的地方，平均海拔700-800米，年平均气温18.1℃，冬无严寒夏无酷暑，属亚热带季风性气候。龙胜素有"万山环峙，五水分流"之说，地势东、南、北三面高而西部低。龙胜梯田为大南山，海拔1940米，最低点海拔163米。春如层层银带，下滚道道绿波，秋叠座座金塔，冬似群龙戏水，集壮美与秀美于一体，堪称"天下一绝"。这里景色秀丽、峰峦叠嶂、林木葱郁、云缠雾绕、溪流清澈，是广西省级优秀旅游度假区。

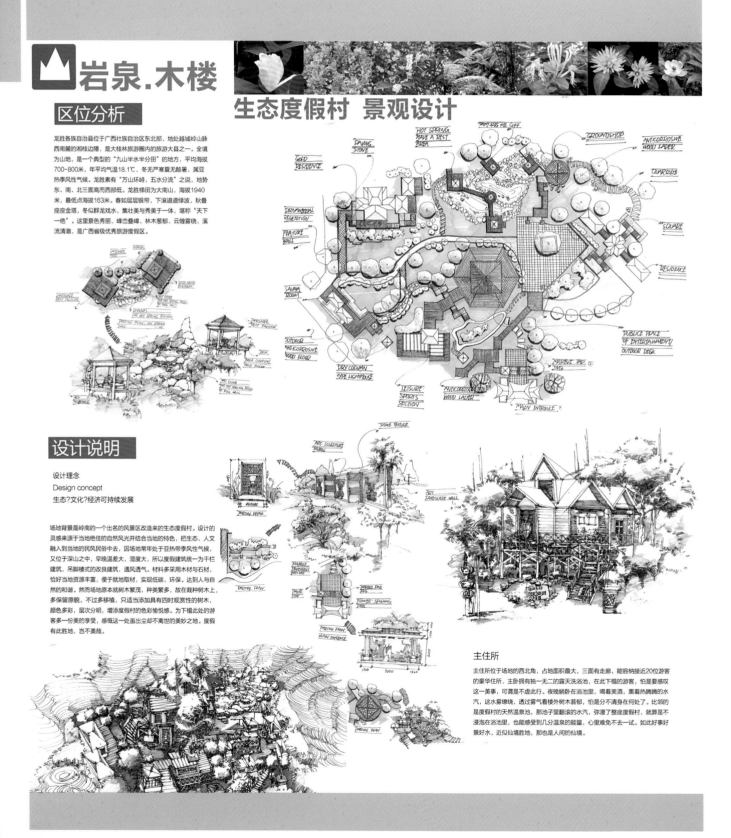

设计说明

设计理念

Design concept

生态?文化?经济可持续发展

场地背景是岭南的一个出名的风景区改造来的生态度假村。设计的灵感来源于当地绝佳的自然风光并结合当地的特色，把生态、人文融入到当地的民风民俗中去，因场地常年处于亚热带季风性气候，又位于深山之中，早晚温差大，湿度大，所以度假建筑统一为干栏建筑，吊脚楼式的改良建筑，通风透气。材料多采用木材与石材，恰好当地资源丰富，便于就地取材，实现低碳、环保。达到人与自然的和谐。然而场地原本就林木繁茂，种类繁多，故在栽种树木上，多保留原貌，不过多移植，只适当添加具有四时观赏性的树木，颜色多彩，层次分明，增添度假村的色彩愉悦感。为下榻此处的游客多一份美的享受，感慨这一处虽出尘却不离世的美妙之地。度假有此胜地，岂不美哉。

主住所

主住所位于场地的西北角，占地面积最大，三面有走廊，能容纳接近20位游客的豪华住所，主卧拥有独一无二的露天洗浴池，在此下榻的游客，怕是要感叹这一美景，可谓是不虚此行。夜晚躺卧在浴池里，喝着美酒，熏着热腾腾的水汽，这水雾缭绕，透过雾气看楼外树木蓊郁，怕是分不清身在何处了。比邻的是度假村的天然温泉池，那池子里翻滚的水汽，弥漫了整座度假村，就算是不浸泡在浴池里，也能感受到几分温泉的能量，心里难免不去一试。如此好事好景好水，近似仙境胜地，那也是人间的仙境。